I0874805

Zahlungsbilanz- und Wechselkurstheorie

Von
Prof. Dr. Ingrid Größl-Gschwendtner

R. Oldenbourg Verlag München Wien

Die Deutsche Bibliothek – CIP-Einheitsaufnahme

Grössl-Gschwendtner, Ingrid:
Zahlungsbilanz- und Wechselkurstheorie / von Ingrid Grössl-Gschwendtner. – München ; Wien : Oldenbourg, 1991
ISBN 3-486-21967-7

© 1991 R. Oldenbourg Verlag GmbH, München

Das Werk einschließlich aller Abbildungen ist urheberrechtlich geschützt. Jede Verwertung außerhalb der Grenzen des Urheberrechtsgesetzes ist ohne Zustimmung des Verlages unzulässig und strafbar. Das gilt insbesondere für Vervielfältigungen, Übersetzungen, Mikroverfilmungen und die Einspeicherung und Bearbeitung in elektronischen Systemen.

Gesamtherstellung: Grafik + Druck, München

ISBN 3-486-21967-7

Inhaltsverzeichnis

Vorwort

Das vorliegende Lehrbuch basiert auf einer langjährigen Beschäftigung mit Fragen der monetären Außenwirtschaftsökonomik. Zahlungsbilanz- und Wechselkursprobleme bildeten dabei einen Schwerpunkt. Während hinsichtlich der Bestimmungsfaktoren von Zahlungsbilanz und Wechselkurs in den 60er Jahren das IS-LM-Modell als **gemeinsamer** Ansatz maßgeblich war, vollzog sich in den 70er Jahren ein grundlegender Wandel: Nachdem die meisten Industrienationen zum Floating übergegangen waren, wandte sich der Forschungsschwerpunkt in der monetären Außenwirtschaftsökonomik den Determinanten der Wechselkursentwicklung zu. An die Stelle eines einzigen Modells - des IS-LM-Ansatzes - trat nun eine Fülle unterschiedlicher Modelle. Sehr oft wird hierbei der Eindruck vermittelt, als habe der Wechselkurs mit einem Zahlungs- und damit Devisenmarktungleichgewicht nichts zu tun. Dies zum Anlaß nehmend, sollen mit dem Lehrbuch vor allem folgende Aufgaben erfüllt werden:

Erstens soll Studenten mittleren und höheren Semesters ein Pfad durch den mittlerweile entstandenen Dschungel an Wechselkursmodellen gebahnt werden. Der Begriff "Dschungel" erscheint auch deshalb angebracht, weil es keine einheitliche Typologie für die existierenden Ansätze gibt. Hier wird eine Klassifikation vorgeschlagen, die zum einen ansetzt am Umfang der Märkte, die zur Erklärung des Wechselkurses herangezogen werden und zum anderen an der strukturellen Verknüpfung des monetären und realen Bereiches einer Volkswirtschaft. Natürlich ist es nicht möglich, im Rahmen eines Lehrbuchs alle existierenden Ansätze darzustellen. Die im vorliegenden Lehrbuch getroffene Auswahl bemüht sich zum einen darum, an das Grundstudium in Makroökonomie anzuschließen. Aus diesem Grunde werden IS-LM-Modelle offener Volkswirtschaften ausführlich behandelt. Zum anderen wird Wert darauf gelegt, in den aktuellen Stand einzuführen.

Zweitens soll gezeigt werden, daß die in den 70er Jahren gefundenen Bestimmungsfaktoren der Wechselkursentwicklung nicht losgelöst von Devisenmarkt- und Zahlungsbilanzungleichgewichten betrachtet werden können, wie leider oftmals aus der Literatur geschlossen werden könnte. Im vorliegenden Lehrbuch wird deutlich gemacht, daß Wechselkursmodelle sich vielmehr darin unterscheiden, wie

Devisenmarkt- und Zahlungsbilanzungleichgewichte bestimmt werden. Aus diesem Grunde werden die jeweiligen Wechselkursmodelle als Übertragung analoger Ansätze bei Festkursen auf ein System floatender Kurse dargestellt.

Danksagung

An dieser Stelle möchte ich all denjenigen danken, die dazu beigetragen haben, mein Manuskript in eine publikationsreife Form zu bringen. Frau Hannelore Oprach danke ich für ihre Geduld und Sorgfalt, die sie bei den Schreibarbeiten hat walten lassen. Frau Diplom-Ökonomin Ute Piller-Willms danke ich sehr herzlich für ihren großen Einsatz bei den Korrekturarbeiten. Ferner danke ich ihr und Frau Angelika Dinkelmeier für die optische Gestaltung der Arbeit. Ein herzliches Dankeschön möchte ich ferner Herrn Martin Grundmann für die Erstellung der Zeichnungen aussprechen.

Symbolverzeichnis

Mit " ' " werden ausländische Größen bezeichnet.

Ein " ^ " über den Symbolen bezeichnet eine Wachstumsrate, ein " · " die Ableitung nach der Zeit.

Mit einem hochgestellen " n " werden Nominalwerte bezeichnet.

Ein hochgestelltes " d " (" s ") weist auf Nachfrage- (Angebotsgrößen) hin, ein hochgestellter Stern (*) auf gewünschte bzw. gleichgewichtige Größen, ein hochgestelltes " e " auf Erwartungsgrößen.

A	=	inländische Absorption
A^{St}	=	Staatsnachfrage nach Gütern und Diensten
B	=	Kurswert von inländischen Bonds
B^Z	=	Bonds im Besitz der Zentralbank
B^f	=	inländische Bonds im Besitz der Ausländer
B^H	=	inländische Bonds im Besitz der Haushalte
BD	=	staatliches Budgetdefizit
C	=	Konsum
CC	=	Leistungsbilanzsaldo
D	=	heimische Komponente der Geldmenge aus Budgetdefiziten des Staates
δ	=	Rate der Zeitpräferenz
Ex	=	nachgefragte Exportmenge
e	=	Kassakurs in Preisnotierung
e^T	=	Terminkurs in Preisnotierung
e^e	=	erwarteter Kassakurs
ε	=	erwartete Abwertung
F	=	Bestand an Devisen in Händen von Privaten in Auslandswährung. Alternativ: Funktionsvorschrift für den optimalen Bestand an Auslandsaktiva
FC	=	Nettokapitalexport
I	=	Investition

i = Nominalzins

Im = nachgefragte Importmenge

M = Geldmenge

P = Preisniveau

P_N = Binnengutpreis

τ = Inflationsrate

P_T = Preis für das international gehandelte Gut

PC = Saldo der Zahlungsbilanz

q = relativer Preis zwischen den Gütern des In- und Auslands

R = Devisenreserven der Zentralbank in Auslandswährung

S = gesamtwirtschaftliche Ersparnis

S^{St} = staatliche Ersparnis

S^H = Ersparnis der privaten Haushalte

T = Steueraufkommen

t = Steuersatz

TC = Handelsbilanzsaldo

W = Vermögen

Y = Produktion des Inlands (zumeist mit dem Sozialprodukt identisch)

Z = Zinseinkommen

Z^F = Zinseinkommen der Ausländer

Z^H = Zinseinkommen der Inländer

Abkürzungen

EWS = Europäisches Währungssystem

IWF = Internationaler Währungsfonds

Laopec = "large open economy"

Smopec = "small open economy"

I EINFÜHRUNG

1 Das Erkenntnisobjekt der Zahlungsbilanz- und Wechselkurstheorie

Die Weltwirtschaft weist heute einen hohen und weiter steigenden Verflechtungsgrad auf. Spiegel dieser weltwirtschaftlichen Verflechtung ist eine reiche Palette an ökonomischen Transaktionen zwischen In- und Ausländern. Beispielsweise werden Güter und Dienstleistungen exportiert und importiert. Es werden Vermögensteile des jeweils anderen Landes erworben oder wieder abgestoßen. Faktoreinkommen werden an Ausländer bezahlt bzw. im Ausland verdient, Transfers (unentgeltliche Übertragungen) z.B. in Form von Gastarbeiterüberweisungen finden zwischen In- und Ausland statt.

Diese grenzüberschreitenden Transaktionen sind Gegenstand der Außenwirtschaftstheorie und -politik. Im Rahmen von Teildisziplinen werden die grenzüberschreitenden Transaktionen unter verschiedenen Aspekten beleuchtet:

Die **reale Außenwirtschaftsökonomie** rückt den internationalen Handel mit Waren (und Dienstleistungen) in den Mittelpunkt. Sie unterstellt dabei im wesentlichen eine Tauschwirtschaft. In Tauschwirtschaften entspricht jedem Export ein Import, d.h. es treten weder Gläubiger-Schuldner-Beziehungen noch bar zu begleichende Zahlungssalden auf. Im Zentrum der realen Außenwirtschaftsstheorie stehen die Bestimmungsgründe und Wirkungen des Tauschhandels.

Die **monetäre Außenwirtschaftsökonomie** hingegen geht von **Geldwirtschaften** aus. Durch die Verwendung eines allgemeinen Tauschmittels (Zahlungsmittels) muß einer realen Leistung keine unmittelbare reale Gegenleistung mehr entsprechen. Ferner sind Gläubiger-Schuldner-Beziehungen möglich.

Ein besonderes Interesse ist dabei dem Sachverhalt gewidmet, daß in den Handel treibenden Ländern unterschiedliche Währungen kursieren. Entsteht dem Inland aus dem Warenhandel mit dem Ausland ein Auszahlungsüberschuß, den es in der Währung des Handelspartners zu begleichen hat, muß es einer Zahlungsverpflichtung in einer Währung nachkommen, die es selbst nicht kreieren kann. Damit ist ein **Liquiditätsproblem** verbunden. Die Frage danach, wie solche Zahlungssalden bestimmt, wie sie beglichen werden können und welche Konsequenzen daraus für die betroffenen Länder entstehen, steht im Mittelpunkt der **Zahlungsbilanz- und Wechselkurstheorie**. Besondere Aufmerksamkeit ist dabei der Beziehung zwischen dem internen und externen Gleichgewicht gewidmet.

2 Die Zahlungsbilanz als systematische Aufzeichnung grenzüberschreitender Transaktionen [1)]

2.1 Allgemeine Charakterisierung

Bei der Zahlungsbilanz handelt es sich um eine systematische Darstellung der grenzüberschreitenden Transaktionen in Kontenform. Sie wird vom Statistischen Bundesamt und von der Bundesbank aufgestellt. Zusammengefaßt werden gleichartige Transaktionen, also z.B. Waren und Dienstleistungen gegen Entgelt, unentgeltliche Übertragungen und Kapitalbewegungen, geordnet nach ihrer formalen Fristigkeit. Die Zusammenfassung gleichartiger Transaktionen führt zu **Teilbilanzen**. Unterschieden wird zwischen der Handels- und Dienstleistungsbilanz, der Übertragungsbilanz, der Kapitalbilanz und der Devisenbilanz. Die ersten drei Teilbilanzen führen zur Leistungsbilanz.

Neben einer Dokumentierung der grenzüberschreitenden Transaktionen, ist es ein Anliegen der Zahlungsbilanzstatistik zu ermitteln, ob aus diesen Transaktionen **Salden** entstanden sind, denn sowohl das Ausmaß der internationalen Verflechtung als auch die Salden daraus berühren die gesamtwirtschaftliche Entwicklung.

Wenn nun die Saldenermittlung ein zentrales Anliegen der Zahlungsbilanzstatistik ist, warum heißt es dann **Zahlungs-"Bilanz"**?

In einer Geldwirtschaft umfaßt ein Kauf bzw. Verkauf von Gütern bzw. Vermögenstiteln sowohl einen realen als auch einen monetären Strom. Letzterer betrifft die Finanzierung. Beide Vorgänge oder Teilaspekte eines grenzüberschreitenden Kaufs bzw. Verkaufs werden in der Zahlungsbilanz verzeichnet, indem das Prinzip der doppelten Buchführung angewendet wird. Da das Produkt aus Menge x Preis und die Finanzierungssumme einander entsprechen, gleichen sich beide Buchungen wertmäßig aus. Mit der doppelten Aufzeichnung werden die zwei Aspekte eines grenzüberschreitenden Kaufs bzw. Verkaufs zum Ausdruck gebracht: Der reale

1) Vgl. H.J. Jarchow, P. Rühmann (1982), Bd. I, S. 13 ff.

Aspekt umfaßt den Güterexport bzw. -import. Der monetäre Aspekt umfaßt die finanzielle Gegenleistung des Handelspartners. Eine Ausnahme bilden unentgeltliche Übertragungen. Ihr Kennzeichen ist es, daß der Leistung von Land A an B keine unmittelbare Gegenleistung von Land B entspricht. An die Stelle der Finanzierungssumme tritt hier der Merkposten, daß es sich um eine unentgeltliche Übertragung handelt.

Bei den oben erwähnten grenzüberschreitenden Transaktionen handelt es sich wohlbemerkt nicht um Bestände, sondern um **Ströme**. Insofern ist die Zahlungsbilanz nicht als Aufzeichnung von Beständen, sondern als **Bewegungsbilanz** zu verstehen.

Warum nun "**Zahlungs**"-Bilanz? Die systematische Aufzeichnung aller Transaktionen mit dem Ausland erfolgt traditionellerweise vor allem mit dem Ziel festzustellen, ob per Saldo ein Land einen Ein- oder einen Auszahlungsstrom gegenüber dem Ausland aufweist.

2.2 Aufbau der Zahlungsbilanz

Ausgangspunkt sind die grenzüberschreitenden Transaktionen der Inlänger. Statistisch versteht man unter Inländern

- natürliche Personen mit ständigem Wohnsitz im Inland,
- Unternehmungen, die den Schwerpunkt ihrer wirtschaftlichen Aktiviäten im Inland haben.

Nicht zu den Inländern gehören die Angehörigen der ausländischen Streitkräfte und der diplomatischen Vertretungen.

Exporte und Importe von **Waren** werden in der **Handelsbilanz** aufgezeichnet. In der folgenden Darstellungsweise werden Exporte auf der Haben- und Importe auf der Soll-Seite verbucht [1].

Handelsbilanz des Jahres ... in Mrd. DM

Importe	Exporte

1) Vgl. H.J. Jarchow, P. Rühmann, S. 14 ff.

Diese Verbuchungsweise macht es uns möglich, die Handelsbilanz mit der unternehmerischen G. u. V.-Rechnung zu vergleichen. Dort werden die Umsatzeinnahmen auf der Haben- und die Aufwendungen und Kosten auf der Soll-Seite verbucht. Analog wird hier vorgegangen. Exporte können nämlich als Umsatzeinnahmen aus dem Ausland betrachtet werden. Importe umfassen sowohl Vorprodukte (incl. Rohstoffe) als auch Endprodukte, die ein Unternehmen erwirbt, um sie den Verbrauchern anzubieten. Für die Unternehmung stellen Importe also Aufwendungen dar. Im übertragenen Sinne können wir somit die Handelsbilanz als einen Teil der aggregierten einzelwirtschaftlichen G. u. V.-Konten verstehen.

Exporte und Importe von **Dienstleistungen** werden in der **Dienstleistungsbilanz** aufgezeichnet.

Dienstleistungsbilanz des Jahres ... in Mrd. DM

Dienstleistungsimporte	Dienstleistungsexporte

Zu den Dienstleistungen gehören:

1. Lohneinkommen von Grenzgängern
2. Einkünfte aus Kapitalbesitz im Ausland, bzw. Zahlungen von Kapitaleinkünften an Ausländer
3. Ausgaben bzw. Einnahmen aus dem Reiseverkehr
4. Transportleistungen, Versicherungen
5. Patente
6. Ausgaben von Angehörigen ausländischer Streitkräfte im Inland.

In der **Übertragungsbilanz** werden Bewegungen von Gütern und Zahlungen zwischen In- und Ausland gebucht, die ohne unmittelbare ökonomische Gegenleistung vorgenommen werden. Schickt z.B. die BRD Güter in ein ausländisches Katastrophengebiet, erscheint dies in der Handelsbilanz auf der Habenseite und in der Übertragungsbilanz auf der Soll-Seite. Bei den Übertragungen wird danach unterschieden, ob die Übertragung von der öffentlichen Hand oder von Privatpersonen vorgenommen wird. Private Übertragungen sind z. B. Überweisungen ausländischer

Arbeitnehmer an Personen im Ausland. Öffentliche Übertragungen sind z. B. Zahlungen an die EG oder Entwicklungshilfe, die nicht auf Kreditbasis gestellt wurde.

Übertragungsbilanz für das Jahr ... in Mrd. DM

Geleistete Übertragungen an das Ausland	Empfangene Übertragungen vom Ausland

Faßt man Handels- Dienstleistungs- und Übertragungsbilanz zusammen, gelangt man zu **Leistungsbilanz.**

Als nächstes kommen wir zur **Kapitalbilanz.** Sie zeichnet Kapitalbewegungen zwischen In- und Ausländern auf, soweit sie nicht von der Zentralbank vorgenommen werden. Bei den Kapitalbewegungen handelt es sich um

- Direktinvestitionen
- Käufe und Verkäufe von Finanzaktiva.

Mit den Kapitalbewegungen erwerben die Inländer Forderungen und Verbindlichkeiten gegenüber dem Ausland und umgekehrt.

Unterschieden wird zwischen kurz- und langfristigem Kapitalverkehr. Die "zeitlich-formale" Trennungslinie wird zwischen Krediten mit einer Laufzeit ≤ 1 Jahr gezogen.

Direktinvestitionen umfassen

- Aktien mit Beteiligungsabsicht
- direkte Unternehmungsbeteiligungen

Finanzaktiva umfassen

- festverzinsliche Wertpapiere
- Einlagen bei ausländischen Banken
- Devisen

Ein **Kapitalexport** umfaßt

- einen Kauf von ausländischen Aktiva durch Inländer

- einen Verkauf von inländischen Aktiva durch Ausländer.

Ein **Kapitalimport** umfaßt

- einen Verkauf von inländischen Aktiva an Ausländer
- einen Verkauf von ausländischen Aktiva durch Inländer.

Erwerben Inländer ausländische Aktiva, entsteht eine Forderung gegenüber dem Ausland. Verkaufen sie diese Aktiva, erlischt die Forderung. Erwerben Ausländer inländische Aktiva, entsteht eine Verbindlichkeit gegenüber dem Ausland. Verkaufen die Ausländer inländische Aktiva, erlischt eine Verbindlichkeit.

Kapitalbewegungen können durch die Finanzierung des internationalen Handels **induziert** werden. Es können aber auch **autonome** Anlagemotive die Ursache für Kapitalströme sein.

Kapitalverkehr im Jahr ... in Mrd. DM

Export	Import

Schließlich werden noch die Transaktionen der **Bundesbank** mit dem Ausland aufgezeichnet. Forderungen und Verbindlichkeiten der Bundesbank umfassen im wesentlichen die Währungsreserven. Eine untergeordnete Rolle spielen dagegen Kredite an ausländische Währungsbehörden. Die Währungsreserven der Bundesbank bestehen aus

- Devisen
- dem Goldbestand
- der Reserveposition beim IWF
- Forderungen an den europäischen Fonds für währungspolitische Zusammenarbeit im Rahmen des EWS
- abzüglich den Auslandsverbindlichkeiten der Bundesbank.

Erwerb und Veräußerung von Währungsreserven werden in der **Devisenbilanz** aufgezeichnet.

Devisenbilanz für das Jahr ... in Mrd. DM

Zunahme	Abnahme

Neben der Devisenbilanz existiert ein weiteres Konto für die Bundesbank, der sogenannte Ausgleichsposten. Hier werden alle jene Änderungen im Wert der Währungsreserven aufgezeichnet, die nicht durch Salden im Waren-Dienstleistungen- bzw. Kapitalverkehr des Publikums verursacht werden. Ein Beispiel hierfür sind Abwertungen der DM gegenüber dem Dollar. Durch sie wird der Wert der Dollar-Reserven der Bundesbank erhöht: Devisenbilanz Soll. Die Gegenbuchung findet auf dem Konto "Ausgleichsposten" im Haben statt.

Die Zusammenfassung von Devisenbilanz und Ausgleichsposten ergibt die Änderung der Nettoposition der Bundesbank.

Eine **Bilanz** ist dadurch gekennzeichnet, daß der Wert aller Aktivposten dem Wert aller Passivposten entspricht. Nun ist bei der Zahlungsbilanz zu berücksichtigen, daß hier große Aggregate aufgezeichnet werden, wobei die statistische Erfassung der Aktivposten oftmals einem anderen Verfahren unterliegt als die der Passivposten. Ferner ist zu berücksichtigen, daß die mit Warenexporten und -importen verbundenen Kredite erst mit einer gewissen Verzögerung erfaßt werden können. Um dennoch einen formal-statistischen Ausgleich der Zahlungsbilanz zu erreichen, wird ein Konto "Ungeklärte Beträge" eingeführt.

3 Konzeptionen des Zahlungsbilanzungleichgewichts

Aus dem Prinzip der doppelten Buchführung folgt, daß die Zahlungsbilanz formalstatistisch stets ausgeglichen ist. Ein Zahlungsbilanzungleichgewicht bezieht sich somit auf den **Saldo einer Teilbilanz**. Welche Teilbilanz ist gemeint?

Ausgangspunkt aller Überlegungen ist die Erkenntnis, daß mit außenwirtschaftlichen Transaktionen binnenwirtschaftliche Konsequenzen für Sozialprodukt, Wachstum, Beschäftigung, Inflation, und ferner Konsequenzen für die Autonomie der Wirtschaftspolitik verbunden sein können. Dabei herrscht die Vorstellung, daß diese Konsequenzen vor allem dann eintreten, wenn Salden in den ökonomischen Transaktionen mit dem Ausland auftreten. Je nachdem, für welche ökonomischen

Transaktionen man sich interessiert, wird man bestimmte Teilbilanzen bzw. eine spezifische Mischung herausgreifen. Im wesentlichen haben aber folgende Konzeptionen an Bedeutung gewonnen:

- Außenbeitrag = Handels- zuzüglich Dienstleistungsbilanz
- Leistungsbilanz
- Devisenbilanz

Es dominiert hierbei die **Devisenbilanz**, denn ein Devisenbilanzsaldo bedeutet Devisenmarktungleichgewicht. Um dies zu zeigen, betrachten wir exemplarisch die Bundesrepublik Deutschland als In- und die USA als Ausland. Angenommen, die BRD habe in der Leistungsbilanz einen Überschuß erzielt, der 10 000,- $ beträgt. Der Saldo der Übertragungsbilanz sei ausgeglichen. Das Ausland entgelte seine Verbindlichkeiten in Dollarbeträgen. 3 000,- $ davon legen die deutschen Unternehmen wieder in den USA an. In diesem Umfang entsteht ein Kapitalexport. 3 000,- $ behalten die Inländer aus spekulativen Motiven. Auch dieser Betrag stellt einen Kapitalexport dar. Insgesamt beträgt also der Kapitalexport 6 000,- $. Es bleibt ein Betrag von 4 000,- $, den die deutschen Unternehmen gerne in DM umtauschen wollen. Sie werden den Umtausch bei ihrer Hausbank vornehmen. Sofern diese ebenfalls die erhaltenen Devisen in DM umtauschen möchte, wird sie ein Dollarangebot auf dem **Devisenmarkt** entfalten. Ceteris paribus hat das ein **Überangebot an Dollar** zur Folge.

Verallgemeinernd können wir also festhalten, daß einem Saldo aus Leistungs-, Übertragungs- und Kapitalmarktbilanz ein **Ungleichgewicht auf dem Devisenmarkt entspricht**.

Im Hinblick auf den Devisenmarkt haben wir zwischen dem **Kassa**- und **Terminmarkt** zu unterscheiden. Auf dem Kassamarkt fallen Abschluß und Ausführung des Devisenkaufs bzw. -verkaufs zeitlich zusammen (Spotgeschäfte). Auf dem Terminmarkt hingegen werden zum Zeitpunkt t Devisengeschäfte abgeschlossen, deren Ausführung in t + 1 stattfindet (Termingeschäfte).

Ein Zahlungsbilanzungleichgewicht spiegelt sich in einem Ungleichgewicht auf dem Devisenkassamarkt wider. Damit aber werden unerwünschte Konsequenzen für die gesamtwirtschaftliche Stabilität und/oder die internationale Zahlungsfähigkeit verbunden. Dies soll in folgenden Abschnitt näher verdeutlicht werden.

4 Möglichkeiten des Zahlungsbilanzausgleichs

Auf dem Devisenmarkt werden Fremdwährungseinheiten gehandelt. Der Preis dafür wird als Wechselkurs bezeichnet (Kassakurs auf dem Kassa- u. Terminkurs auf dem Terminmarkt).

In der **Preisnotierung** drückt der Wechselkurs aus, wieviele Einheiten inländischer Währung eine Einheit ausländischer Währung kostet. Also: Wieviel DM kostet ein Dollar? In der Theorie wird üblicherweise die Preisnotierung verwendet. In der Praxis ist auch die **Mengennotierung** üblich. Sie bringt zum Ausdruck, wieviele Einheiten ausländischer Währung man für eine inländische Geldeinheit erhält.

Eine Möglichkeit, zu einer ausgeglichenen Zahlungsbilanz zu gelangen, besteht darin, den (Kassa-)Wechselkurs den Marktkräften zu überlassen. Ein Zahlungsbilanzdefizit zum Beispiel bedeutet eine Übernachfrage nach Devisen. Bei freier Marktpreisbildung wird die ausländische Währung für Inländer teurer werden, d.h. **die heimische Währung wertet ab**: Der Wechselkurs in Preisnotierung steigt. Wenn daraufhin die Übernachfrage auf Null zurückgeht, kann durch Wechselkursanpassung eine ausgeglichene Zahlungsbilanz herbeigeführt werden.

Die Entscheidung darüber, ob bzw. wie weit der Wechselkurs den Marktkräften überlassen werden soll, ist eine politische Entscheidung, die im Rahmen von Vereinbarungen über das internationale Währungssysstem getroffen wird. Freie Marktpreisbildung, d.h. ein System flexibler Wechselkurse ist auch in Marktwirtschaften nicht zwingend. Dies zeigen das EWS als auch das Bretton-Woods-System, welches bis 1973 die internationalen Währungsbeziehungen der westlichen Welt regelte. Bestandteil beider Systeme sind **feste Wechselkurse**.

In einem **Festkurssystem** einigen sich die Regierungen der beteiligten Länder darüber, in welchem Verhältnis die nationalen Währungen getauscht werden sollen. Das bedeutet nun nicht, den Devisenmarkt außer Kraft zu setzen. Weiterhin werden täglich an den Devisenbörsen Angebot und Nachfrage entfaltet. Wer aber garantiert dann, daß Angebot und Nachfrage zum fest vereinbarten Wechselkurs zur Deckung kommen? Diese Aufgabe übernimmt die Zentralbank, indem sie selbst als Anbieter bzw. Nachfrager agiert. Man spricht in diesem Zusammenhang von **Devisenmarktinterventionen**. Liegt z.B. ein Defizit in der Zahlungsbilanz vor, wird die Zentralbank durch ein ausreichend großes Devisenangebot die Angebotslücke füllen. Sie verhindert auf diese Weise eine Abwertung, d.h. das Sinken des tatsächlichen unter den offiziell vereinbarten Wechselkurs.

In der Zahlungsbilanzstatistik schlagen sich diese Interventionen der Zentralbank in Devisenbilanzsalden nieder.

Für den Augenblick ist es mit der Intervention gelungen, den Wechselkurs zu halten. Allerdings ist damit zu rechnen, daß beim offiziellen Wechselkurs am nächsten Börsentag erneut eine Übernachfrage nach Devisen auftritt, was die Zentralbank zu erneuten Devisenverkäufen zwingt. Devisenmarktinterventionen koppeln somit Zahlungsbilanzungleichgewichte von Devisenmarktungleichgewichten ab. Da der Wechselkurs nun nicht mehr als treibende Kraft für einen Zahlungsbilanzausgleich in Frage kommt, kann zumindest für eine gewisse Zeit ein Saldo aus der zusammengenommenen Leistungs- und Kapitalbilanz erhalten bleiben. Gewissermaßen wird dieser Saldo durch Devisenmarktinterventionen **finanziert** [1)].

Ein Defizit zu finanzieren, gelingt der Zentralbank allerdings nur so lange, wie sie über einen ausreichenden Devisenbestand verfügt. Hierin liegt ein wesentliches Motiv dafür, daß Zahlungsbilanzungleichgewichte durch einen Saldo in der Devisenbilanz gemessen werden. Mit anhaltenden Defiziten kann nämlich die internationale Zahlungsfähigkeit eines Landes in Frage stehen (Vgl. Abschnitt 5).

Mit dem Begriff "Finanzierung" soll ein Unterschied zu Zahlungsbilanzausgleichsmechanismen beschrieben werden, durch welche ein Leistungsbilanzdefizit (-überschuß) an einen Nettokapitalimport (-export) in gleicher Höhe herangeführt wird. Als **einen** möglichen Mechanismus haben wir bereits flexible Wechselkurse genannt. Eine weitere Möglichkeit sind bei festen Kursen gezielte **wirtschaftspolitische Maßnahmen**. Weist z.B. ein Land ein hohes Leistungsbilanzdefizit auf, das nicht durch einen entsprechenden Kapitalimport abgedeckt wird, könnte versucht werden, mit einer kontraktiven Geldpolitik via Zinsanstieg Kapital ins Inland zu locken. Gleichzeitig wäre denkbar, daß aufgrund eines Preisdrucks der inländische Güterexport belebt würde.

Durch all diese Mechanismen wird eine **Anpassung** der Leistungs- an die Kapitalbilanz erreicht. Sie bewirken in diesem Sinne eine **Zahlungsbilanzanpassung**.

Wie wir noch sehen werden, ermöglicht längerfristig auch eine Zahlungsbilanzfinanzierung eine Angleichung der Salden von Leistungs- und Kapitalbilanz. Ceteris paribus sind nämlich mit den Devisenmarktinterventionen Geldmengenänderungen verbunden. Mit diesen Geldmengenänderungen wird in den meisten Theorien ein **automatischer** Zahlungsbilanzanpassungsprozeß verbunden.

1) Vgl. H.J. Jarchow, P. Rühmann (1982), Bd. II, S. 21.

5 Die Notwendigkeit einer Zahlungsbilanz- und Wechselkurstheorie

Ob feste oder flexible Wechselkurse vereinbart werden, hängt davon ab, wie die **Effizienz** des jeweiligen Systems beurteilt wird. Maßgebliche Kriterien sind hierbei erstens die Frage, durch welches Wechselkurssystem die Realisierung der vereinbarten **Handelsordnung** am besten gefördert werden kann. Zweitens spielt das **internationale Liquiditätsproblem** eine Rolle, drittens das Verhältnis von **externem** und **internem gesamtwirtschaftlichen Gleichgewicht**.

Was die Handelsordnung betrifft, so wird oftmals festen Wechselkursen der Vorrang eingeräumt, wenn es um die Förderung des Freihandels geht. Den Unternehmen werde eine zuverlässige Kalkulationsbasis gegeben, Produktivitäts- und Preisunterschiede kämen voll zum Tragen und würden eine optimale internationale Arbeitsteilung herbeiführen. Indes bestätigen die durchgeführten empirischen Untersuchungen den Umkehrschluß bislang nicht. M.a.W. konnte bislang empirisch nicht nachvollzogen werden, daß flexible Wechselkurse den Welthandel behindern bzw. in falsche Bahnen lenken. Allerdings wird darauf verwiesen, daß bei weiterhin andauernden erratischen Wechselkursschwankungen für die Zukunft negative Effekte für den Welthandel nicht ausgeschlossen werden können.

Kommen wir nun zum internationalen Liquiditätsproblem: Ein Festkurssystem birgt die Gefahr von Zahlungsbilanzungleichgewichten. Damit verbunden ist im Falle anhaltender **Defizite** eine Gefährdung der internationalen Zahlungsfähigkeit eines Landes. Damit nämlich bei Zahlungsbilanzdefiziten der offizielle Wechselkurs gehalten werden kann, muß die Notenbank intervenieren: Ein Zahlungsbilanzdefizit bedeutet, daß das Inland an das Ausland Devisen bezahlen muß, die es auf dem Devisenmarkt nachfragt. Damit verbunden ist eine Übernachfrage nach Devisen. Soll ein fester Wechselkurs erhalten bleiben, muß die Notenbank die Übernachfrage befriedigen, indem sie die fehlenden Devisen anbietet. Dies setzt voraus, daß die Notenbank über einen entsprechend hohen Devisenbestand verfügt. Die Notenbank kann zwar inländisches Geld, nicht aber ausländisches Geld schöpfen. Im Falle von Zahlungsbilanzdefiziten muß die Zentralbank also Zahlungen in einer Währung leisten, die sie selbst nicht schaffen kann; vielmehr sind die Devisenbestände letztendlich Ergebnis vorausgegangener Überschüsse in der Zahlungsbilanz. Zahlungsbilanzdefizite - sofern sie von Dauer sind - kreieren somit ein **internationales Liquiditätsproblem.** International deshalb, weil es sich bei der Manövriermasse für Devisenmarktinterventionen um Fremdwährung handelt.

Die wirtschaftspolitischen Ziele sind - allgemein formuliert - auf ein binnenwirtschaftliches (internes) und ein außenwirtschaftliches (externes) Gleichgewicht gerichtet. Ein internes Gleichgewicht umfaßt dabei z.B. Preisstabilität und Vollbeschäftigung. Externes Gleichgewicht fordert in einem **Fest-Kurs-System** eine ausgeglichene Zahlungsbilanz; letzteres insbesondere, um die internationale Zahlungsfähigkeit zu erhalten. Darüber hinaus ist zu berücksichtigen, daß zwischen internen und externen Ungleichgewichten eine Beziehung besteht: z.B. kann Inflation im Inland ein Zahlungsbilanzdefizit induzieren. Andererseits kann ein Zahlungsbilanzüberschuß selbst Auslöser für eine inflationäre Entwicklung sein. Von besonderer Brisanz ist ferner, daß wirtschaftspolitische Maßnahmen zu Zielkonflikten zwischen internem und externem Gleichgewicht führen können und daß der geldpolitische Handlungsspielraum aufgrund der Interventionspflicht eingeschränkt wird. Zudem besteht bei festen Wechselkursen ein enger internationaler Preis- und Beschäftigungszusammenhang. Dies macht deutlich, daß die Bestimmungsfaktoren von Zahlungsbilanzsalden und die Wechselwirkungen zwischen binnen- und außenwirtschaftlichen Variablen ein notwendiges Untersuchungsfeld darstellen.

Im Falle **vollständig flexibler Wechselkurse** entfällt das Liquiditätsproblem: Die Zahlungsbilanz ist immer ausgeglichen. Entscheidend für den Übergang zu flexiblen Wechselkursen, den 1973 die wichtigsten westlichen OECD-Länder vollzogen, war damals zusätzlich ein breit gehegter Optimismus, daß damit auch jeglicher Einfluß des Auslandes auf die binnenwirtschaftlichen Ziele beseitigt sei. Man sprach von der Isolationswirkung flexibler Wechselkurse, die zudem auf ein Höchstmaß an wirtschaftspolitischer Autonomie hoffen ließ.

Inzwischen ist diesem Optimismus durch den empirischen Befund der Boden entzogen worden. Zum einen sind anstelle von Zahlungsbilanzungleichgewichten enorme Ungleichgewichte in den **Leistungsbilanzen** der Länder in Blickpunkt gerückt, mit den USA als hervorstechendes Beispiel. Leistungsbilanzsalden begründen Gläubiger-Schuldner-Beziehungen zwischen den Handel treibenden Ländern. Ein Land mit einem **Überschuß** in der Leistungsbilanz erwirbt gegenüber dem Ausland Forderungen. Sie werden durch einen Netto-Kapitalexport abgebildet. Mit dieser Gläubigerposition erwerben Inländer i.d.R. Anspruch auf Zinszahlungen, die vom Defizitland aus dem laufenden Sozialprodukt zu entrichten sind. Letztendlich wird dadurch das Ausland hinsichtlich der Frage, wie es das Sozialprodukt verwenden möchte, eingeschränkt. Zudem wird in hohen Leistungsbilanzungleichgewichten ein Faktor gesehen, der zur Destabilisierung der Finanz- und Devisenmärkte beiträgt. Aus diesem Grunde wird außenwirtschaftliches Gleichgewicht bei flexiblen Wechselkursen oftmals mit dem Wunsch nach einer ausgeglichenen Leistungsbilanz verbunden.

Zudem ist zu sehen, daß die Isolationswirkung flexibler Wechselkurse nur dann gegeben ist, wenn sie bestimmten Bestimmungsfaktoren - den "fundamentals" folgen. Hervorragendes Beispiel hierfür ist die **Kaufkraftparität**, aufgrund derer ein Inflationsimport unterbunden wird. Der empirische Befund hingegen zeigt häufige und anhaltende Abweichungen von den "fundamentals". Dies machte es erforderlich, nach Gründen für das beobachtete Wechselkursverhalten zu forschen. In der Tat erhielt die Wechselkurstheorie in den 70er Jahren ungeheuren Auftrieb.

6 Überblick über den Analyserahmen des Lehrbuchs

Die folgenden Kapitel dienen dazu, einen Überblick über Zahlungsbilanz- und Wechselkurstheorien zu vermitteln, wobei auch in aktuelle Beiträge eingeführt wird. Die Vielfalt existierender Modelle legt es aus didaktischen Gründe nahe, den Analyserahmen so einfach wie möglich zu halten. In diesem Sinne unterstellen wir entweder nur **absolut flexible** oder **absolut feste Wechselkurse**. Mischformen bleiben unberücksichtigt. Im Rahmen der Wechselkurstheorien steht der **Kassakurs** im Mittelpunkt.

Betrachtet werden im folgenden **stationäre** Industrienationen. Der Schwerpunkt liegt auf **kleinen** Ländern. Ein kleines Land ("small open economy") ist mit einem Polypolisten auf dem vollkommenen Markt vergleichbar. Es ist zu klein, um mit seinem Angebot und seiner Nachfrage die Preise auf den Güter- und Finanzmärkten zu beeinflussen. Vielmehr akzeptiert es das Weltpreis- und Weltzinsniveau als Datum. Ferner beeinflußt die kleine Volkswirtschaft das Sozialprodukt der übrigen Welt nicht. Ein großes Land ("large open economy") bestimmt dagegen die Preis- und Zinsentwicklung auf den Weltmärkten mit, ferner das Sozialprodukt der übrigen Welt.

7 Wichtige Begriffe im Überblick

Bevor wir nun zur Zahlungsbilanz- und Wechselkurstheorie übergehen, wollen wir uns bislang nur implizit erklärte grundlegende Begriffe nochmals im Überblick vergegenwärtigen.

Abwertung: Die inländische Währung verbilligt sich. Für 1 $ erhält man mehr DM. Formal betrachtet **steigt** der Wechselkurs in der Preis- und sinkt der Wechselkurs in der Mengennotierung.

Aufwertung: Die inländische Währung verteuert sich; Gegenteil von Abwertung.

Devisenmarkt: Ort des Zusammentreffens von Angebot an und Nachfrage nach Fremdwährungseinheiten.

Devisenkassamarkt: Abschluß und Ausführung von Devisenkäufen und -verkäufen fallen zeitlich zusammen.

Devisenterminmarkt: Abschluß und Ausführung von Devisenkäufen und -verkäufen fallen zeitlich auseinander.

Devisenbilanz: Aufzeichnungen von Änderungen des Bestandes an Währungsreserven der Zentralbank.

Kapitalbilanz: Aufzeichnung von Kapitalbewegungen.

Kapitalbewegungen: Erwerb oder Verkauf von Aktiva des jeweils anderen Landes = Stromgröße.

Kapitalexport:
(a) Inländer kaufen ausländische Aktiva oder geben direkt Kredit.
(b) Ausländer verkaufen inländische Aktiva

Kapitalimport:
(a) Ausländer kaufen inländische Aktiva oder geben direkt Kredit.
(b) Inländer verkaufen ausländische Aktiva.

Leistungsbilanz: Aufzeichnung aller Transaktionen aus Handel, Dienstleistungen und Transferleistungen zwischen In- und Ausland.

Liquidität, internationale:	Im Objektsinn sind damit die Währungsreserven einer Notenbank gemeint, im Subjektsinn die internationale Zahlungsfähigkeit eines Landes.
"Large open Economy":	Die Volkswirtschaft hat Einfluß auf die Preis- und Zinsentwicklung auf den Weltmärkten, ferner auf die Sozialproduktentwicklung der übrigen Welt.
"Small open Economy":	Die Volkswirtschaft hat keinen Einfluß auf die Weltpreis- und Zinsentwicklung; ferner beeinflußt sie das ausländische Sozialprodukt nicht.
Wechselkurs: (nominell)	Preis für Fremdwährungseinheiten
Preisnotierung des Wechselkurses:	Beantwortet die Frage, wieviele Einheiten inländischer Währung notwendig sind, um eine ausländische Währungseinheit zu erwerben. Beispiel: Wieviel DM kostet ein Dollar?
Mengennotierung des Wechselkurses:	Beantwortet die Frage, wieviele Einheiten ausländischer Währung man für eine inländische Währungseinheit erhält. Beispiel: Wieviele Dollar bekommt man für eine DM?
Zahlungsbilanz:	Statistische Erfassung ökonomischer Transaktionen mit dem Ausland in Kontenform.
Zahlungsbilanz-ungleichgewicht:	Ein Saldo in der Leistungsbilanz wird nicht durch einen Saldo in der Kapitalbilanz ausgeglichen.

II ZAHLUNGSBILANZTHEORIE

Die Zahlungsbilanztheorie versucht die Frage zu beantworten, wodurch ein Saldo in der Zahlungsbilanz verursacht wird und welche Ausgleichsmechanismen es gibt. Wie bereits ausgeführt, bezieht sich ein Zahlungsbilanzsaldo stets auf Ungleichgewichte in den Teilbilanzen. Hierbei dominiert die Auffassung, ein Ungleichgewicht in der Zahlungsbilanz mit einem Ungleichgewicht in der **Devisenbilanz** gleichzustellen. Ein Saldo in der Devisenbilanz entsteht immer dann, wenn ein Überschuß (Defizit) in der Leistungsbilanz nicht durch einen Netto-Kapitalexport (-import) ausgeglichen wird. Somit liegt es nahe, sich zunächst mit den Bestimmungsfaktoren der Leistungs- und Kapitalbilanz zu befassen. Diese Vorgehensweise empfiehlt sich auch deshalb, da Ungleichgewichte in diesen Bilanzen selbst von ökonomischer Bedeutung sind.

1 Determinanten der Handels- und Leistungsbilanz

1.1 Überblick

Statistisch spiegelt ein Saldo in der Leistungsbilanz Ungleichgewichte in der Handels- Dienstleistungs- und Übertragungsbilanz wider. Im Rahmen theoretischer Ansätze wird im allgemeinen die Übertragungsbilanz vernachlässigt. Sehr oft, besonders in älteren Modellen, wird auch von Faktorentgelten zwischen In- und Ausländern abstrahiert. Im Zentrum stehen dann die Bestimmungsfaktoren der Handelsbilanz.

Wie zu erwarten, gibt es nicht **die** Leistungsbilanztheorie, sondern eine Vielzahl von Modellen. **Ein** Klassifikationskriterium ist die Frage, inwieweit einer Interdependenz zwischen gesamt- und außenwirtschaftlichen Größen Rechnung getragen wird. Demnach unterscheiden wir zwischen **partialanalytischen** und **gesamtwirtschaftlichen Ansätzen**. Ein Beispiel für erstgenannte Beiträge ist der **Elastizitätsansatz**.

Ausgangspunkt für **gesamtwirtschaftliche** Modelle ist die ex post Integration der Leistungsbilanz in den volkswirtschaftlichen Kreislauf. Im Hinblick auf die theoretische Erklärung können wir zwischen **Absorptionsansätzen** und **strukturellen Ansätzen** unterscheiden.

Absorptionsansätze existieren sowohl in **atemporaler** als auch **intertemporaler** Form. Zu den strukturellen Ansätzen gehören das **traditionelle keynesianische IS-LM-Modell** einer offenen Volkswirtschaft, ferner **Strom-Bestands-Modelle** in kontinuierlicher und diskreter Zeitmessung.

1.2 Der Elastizitätsansatz als partielles Modell [1)]

Der Elastizitätsansatz hat seine theoretischen Wurzeln in den dreißiger Jahren unseres Jahrhunderts. Damals wurden die Industrienationen von einer hohen Arbeitslosigkeit heimgesucht, die durch eine anhaltende Rezession begleitet wurde. Bemühungen, die Volkswirtschaft eines Landes anzukurbeln, schlossen vielfach Bestrebungen ein, eine Steigerung der Nettoexporte zu erzielen, d.h. ein bestehendes Handelsbilanzdefizit sollte vermindert, bzw. ein Überschuß erhöht werden. Um dies zu erreichen, griffen die Träger der Wirtschaftspolitik vor allem zum Instrument der **Abwertung**. Eine Abwertung bedeutet, daß für die Inländer ausländische Währung teurer wird. Für einen Dollar muß man nun einen größeren DM-Betrag aufbringen als zuvor. Bei unveränderten Dollarpreisen für Importe bedeutet dies eine Verteuerung ausländischer Güter für die Inländer. Damit sollten Importe gedrosselt werden. Andererseits bedeutet eine Abwertung der inländischen Währung eine **Aufwertung** der ausländischen Währung. Ausländer bekommen nun z. B. für einen Dollar einen höheren DM-Betrag als zuvor. Damit sollen Exporte angeregt werden.

Eine theoretische Präzisierung liefert der **Elastizitätsansatz**. Ausgangspunkt ist die Hypothese, in- und ausländische Güter seien **unvollständig substitutiv**. Betrachtet werden Endprodukte. Bei unvollständiger Substitutivität ist das Preisverhältnis zwischen in- und ausländischen Gütern ein zentraler Bestimmungsgrund für die Exporte und Importe. Im einfachsten Fall wird unterstellt, sämtliche im In- und Ausland produzierten Güter würden aufgrund einer unvollständigen Substitutionsbeziehung auch international gehandelt. Faßt man die Güter eines Landes jeweils zu einem homogenen Güterbündel zusammen, so läßt sich das die Ex- und Importe steuernde Preisverhältnis durch den Quotienten zwischen dem in- und ausländischen Preisniveau beschreiben. Hierbei haben wir zu berücksichtigen, daß z. B. die deutschen Importeure ihren Planungen nicht den Dollar- sondern den DM-Preis zugrunde legen werden. Diesen erhalten sie durch Multiplikation des Dollarpreises mit dem Wechselkurs. Den Quotienten aus dem ausländischen Preisniveau in

1) J. Robinson (1947), A. Marshall (1923), A.P. Lerner (1962).

inländischen Geldeinheiten und dem inländischen Preisniveau bezeichnet man als **realen Wechselkurs.** In unserem Modell, in dem sämtliche produzierten Güter auch international gehandelt werden, stimmt der reale Wechselkurs mit dem Kehrwert der "terms of trade" überein. Die **"terms of trade"** beschreiben das Verhältnis zwischen dem Export- und dem Importpreisindex.

Wir bezeichnen den realen Wechselkurs mit τ und erhalten als erste Gleichung:

$$(1) \quad \tau = \frac{P'e}{P}$$

Ausländische Größen wollen wir im folgenden mit " ' " kennzeichnen. P' symbolisiert also das ausländische, P das inländische Preisniveau, e den Wechselkurs. Im Elastizitätsansatz stellt τ die Hauptdeterminante für Exporte und Importe dar. Hingegen bleibt das Sozialprodukt unberücksichtigt. Ferner werden die nationalen Preisniveaus als Daten betrachtet. Speziell hierin liegt der partielle Charakter des Elastizitätsansatzes begründet.

Für den **nominellen** Saldo der Handelsbilanz in inländischer Währung (TC^n) folgt dann:

$$(2) \quad TC^n = Ex\left(\underset{+}{\tau}\right)P - Im\left(\underset{-}{\tau}\right)P'e$$

Ex(Im) bezeichnen die reale Exportnachfrage (Importnachfrage). Das Pluszeichen (Minuszeichen) unter den Funktionen zeigt, daß die Exportnachfrage (Importnachfrage) positiv (negativ) mit dem realen Wechselkurs korreliert ist. Unterstellt wird, daß die Nachfrage jeweils auch realisiert werden kann. Ex und Im beschreiben dann zugleich die ex- und importierten **Mengen.**

Wird die heimische Währung abgewertet, verteuern sich die ausländischen im Vergleich zu den inländischen Gütern. Infolgedessen wird die reale Exportnachfrage steigen, die reale Importnachfrage wird hingegen zurückgehen. Dies bedeutet jedoch nicht automatisch eine Verbesserung der Handelsbilanzsituation in dem Sinne, daß ein bestehendes Defizit vermindert und ein Überschuß vergrößert wird, beziehungsweise entsteht. Differenzieren wir Gleichung (1) nach e, erhalten wir:

$$(3) \quad \frac{dTC^n}{de} = P\frac{\partial Ex}{\partial \tau}\frac{P'}{P} - ImP' - P'e\frac{\partial Im}{\partial \tau}\frac{P'}{P}$$

Offensichtlich ist die Reaktion des **Importwertes** nicht eindeutig: Infolge der Verteuerung ausländischer Güter müssen die Inländer nun nämlich für jede importierte Einheit mehr an das Ausland bezahlen. Bei **unveränderter** importierter Menge hätte dies einen Anstieg des Importwertes zur Folge. Andererseits gehen die importierten Mengeneinheiten zurück. Über den Umfang entscheidet die Preiselastizität der Importnachfrage. Definieren wir als Exportpreiselastizität (μ_x) :

$$(4) \quad \mu_x = \frac{\partial Ex}{\partial \tau}\frac{\tau}{Ex} > 0$$

und als Importpreiselastizität (μ_m) :

$$(5) \quad \mu_m = \frac{\partial Im}{\partial \tau}\frac{\tau}{Im} < 0$$

dann können wir (3) umformen zu:

$$(3a) \quad \frac{dTC^n}{\mathrm{de}} = Ex\frac{P}{e}\mu_x - ImP'(1+\mu_m)$$

Gehen wir von einer anfänglich ausgeglichenen Handelsbilanz aus, also:

$$(6) \quad \mathrm{ExP} = ImP'e$$

dann folgt für (3a):

$$(3b) \quad \frac{dTC^n}{\mathrm{de}} = Ex\frac{P}{e}(\mu_x - \mu_m - 1)$$

Eine Abwertung führt unter der Annahme einer anfänglich ausgeglichenen Handelsbilanz nur dann zu einem Aktivsaldo, wenn die Summe der Absolutwerte der Export- und Importpreiselastizität größer als eins sind. Diese Forderung bezeichnet man als **Marshall-Lerner-Bedingung.**

Für die Wirkungen der Handelsbilanz auf das reale Sozialprodukt ist der **reale** Handelsbilanzsaldo relevant. Um ihn zu erhalten, deflationieren wir den Export- und Importwert mit dem Preisniveau des Inlands. Wir erhalten dann:

$$(7) \quad TC = Ex\binom{\tau}{+} - Im\binom{\tau}{-}\tau$$

Differentiation nach e führt zu:

$$(8) \quad \frac{dTC}{\mathrm{de}} = \frac{\partial Ex}{\partial \tau}\frac{P'}{P} - \frac{P'}{P}Im - \frac{P'e}{P}\frac{\partial Im}{\partial \tau}\frac{P'}{P}$$

Setzen wir nun wieder die Preiselastizität ein, erhalten wir:

$$(8a) \quad \frac{dTC}{de} = \frac{Ex}{e}\mu_x - \frac{P'}{P}Im(1+\mu_m)$$

Für ExP = $ImP'e$ erhalten wir wiederum die Marshall-Lerner-Bedingung.

Die Versuche, durch eine Abwertung einen Handelsbilanzüberschuß zu erzielen, werden im übrigen als "beggar-my-neighbour-policy" bezeichnet. Allerdings gab der empirische Befund zu einem Elastizitätspessimismus Anlaß. Von theoretischer Seite wies man in diesem Zusammenhang insbesondere auf die kurzfristig oftmals unzureichend vorhandenen Substitutionsmöglichkeiten hin. Dies betrifft vor allem im Inland nicht oder unzureichend verfügbare Rohstoffe. Eine weitere Ursache liegt in der internationalen Wettbewerbsfähigkeit eines Landes. Weisen nämlich die ausländischen Güter im Vergleich zu den inländischen einen höheren Qualitätsstandard auf, bzw. entsprechen sie eher den Konsumentenpräferenzen als die inländischen Waren, dann wird eine Abwertung zunächst einmal nur einen geringen Nachfragerückgang bewirken. Erst eine fortgesetzte starke Abwertung wird zu einem Umschwung führen.

Neben dem Wechselkurs gehen die nationalen Preisniveaus als Bestimmungsfaktoren in den Handelsbilanzsaldo ein. Ob durch einen Rückgang des inländischen Preisniveaus bzw. durch einen Anstieg des ausländischen Preisniveaus eine Aktivierung der Handelsbilanz erreicht werden kann, hängt wiederum - wie leicht nachgeprüft werden kann - von der Erfüllung der Marshall-Lerner-Bedingung ab.

Zusammenfassend und verallgemeinernd können wir somit den Elastizitätsansatz folgendermaßen charakterisieren:

(1) Der reale Wechselkurs ist der maßgebliche Bestimmungsfaktor für Handelsbilanzsalden.

(2) Durch eine relative Verbilligung inländischer im Vergleich zu ausländischen Gütern kann nur dann ein Aktivsaldo in der Handelsbilanz erzielt werden, wenn die Absolutwerte der Preiselastizitäten der Importe und Exporte in der Summe größer als eins sind (Marshall-Lerner-Bedingung).

(3) In- und ausländisches Preisniveau und Sozialprodukt werden als Daten betrachtet. Damit aber bleiben Interdependenzen zwischen Handelsbilanz und den binnenwirtschaftlichen Größen unberücksichtigt. Eben hierin liegt eine entscheidende Schwäche des Elastizitätsansatzes begründet.

1.3 Gesamtwirtschaftliche Ansätze

1.3.1 Ex post Zusammenhänge

Gesamtwirtschaftliche Ansätze berücksichtigen eine Interdependenz zwischen binnenwirtschaftlichen makroökonomischen und außenwirtschaftlichen Variablen. Einen Überblick über diese Interdependenzen in einer ex post Sicht vermittelt uns die Volkswirtschaftliche Gesamtrechnung (VGR). Sie ist eine systematische Aufzeichnung des Netzes der sich zwischen allen Wirtschaftseinheiten vollziehenden ökonomischen Transaktionen. Von Bedeutung ist dabei, daß diese Transaktionen i.d.R. dem "do ut des Prinzip" gehorchen. Einer Leistung steht grundsätzlich eine Gegenleistung gegenüber. Infolgedessen kann dieses Netz von Transaktionen durch einen Kreislauf beschrieben werden. Die VGR ist eine kontenmäßige Darstellung dieses Wirtschaftskreislaufs. Auf dem Produktionskonto zeichnet sie auf, wie im vergangenen Kalenderjahr die Inlandsproduktion verwendet worden ist. In mit dem Preisniveau heimischer Güter deflationierten Größen folgt:

(1) $Y \;=\; C + I + A^{St} + Ex - Im\tau \;=\; C + I + A^{St} + TC$

Wenn sich die Faktorenentgelte zwischen In- und Ausland auf Null saldieren, entspricht Y dem Sozialprodukt. A^{St} ist die reale Staatsnachfrage, I die realen Investitionen. Faßt man C, I und A^{St} zur heimischen Absorption A zusammen, dann können wir schreiben:

(1*a*) $TC \;=\; Y - A$

Wir erkennen das Folgende:

Voraussetzung dafür, daß z. B. ein Handelsbilanzüberschuß entstehen kann, ist ein Überschuß der heimischen Produktion über die heimische Absorption.

Die VGR zeichnet weiter auf, wie die Inländer das ihnen zufließende Einkommen verwendet haben:

Die privaten Haushalte verwenden ihr Einkommen, um zu konsumieren und zu sparen. Y bezeichnet dabei nicht nur die Güterproduktion, sondern auch das Faktoreinkommen des Inlandes. Wenn Ausländer nicht am inländischen Produktionsprozeß beteiligt waren, entspricht es dem Faktoreinkommen der Inländer. Für das Haushaltseinkommen folgt dann in deflationierten (realen) Größen:

(2) $Y^v \;=\; Y + Z^H + Z^{H'} - T$

(3) $Y^v = C + S^H$

$Z^{H'}$ = Zinseinkommen aus Staatsschuldtiteln des Auslandes (real)

Z^H = Zinseinkommen aus Staatsschuldtiteln des Inlandes (real)

T = reales Steuereinkommen

S^H = reale Haushaltsersparnis

Die öffentlichen Haushalte erzielen Steuereinnahmen. Ausgaben werden getätigt zur Finanzierung der öffentlichen Aufgaben und zur Bedienung der Staatsschuld. In realen Größen folgt:

(4) $BD = A^{St} + Z^H + Z^F - T = -S^{St}$

Z^F sind die an Ausländer bezahlten Zinsen. I.d.R. reichen die Steuereinnahmen nicht aus, um den Staatshaushalt zu finanzieren. Dann entsteht ein Budgetdefizit (BD), eine negative staatliche Ersparnis also.

Das Einkommen der Unternehmungen umfaßt die unverteilten Gewinne. Vereinfachend setzen wir sie gleich Null. Dann können wir obige Gleichungen zusammenfassen zu:

(1*b*) $S^H - BD - I = TC + Z^{H'} - Z^F = CC = PC + FC$

PC bezeichnet die Zahlungsbilanz und *FC* einen Nettokapitalexport, *CC* einen Saldo in der Leistungsbilanz.

Ein Leistungsbilanzüberschuß setzt offensichtlich einen Überschuß der heimischen Ersparnis über die Investitionen voraus. Dies kann wie folgt interpretiert werden: Sparen die Haushalte, ist damit der Erwerb von Forderungen verbunden. In einer geschlossenen Volkswirtschaft muß diesem Forderungserwerb eine Kreditaufnahme anderer Wirtschaftssubjekte, Staat und/oder Unternehmen, gegenüberstehen. In einer offenen Volkswirtschaft hingegen kann der Forderungserwerb der Inländer größer als die inländische Kreditaufnahme sein, weil nun zusätzlich das Ausland als Kreditnehmer in Frage kommt. Gleichzeitig umfaßt die Ersparnis der Haushalte den Teil ihres Einkommens, den sie nicht zum Erwerb von Konsumgütern verwandt haben. Nehmen wir vereinfachend an, $Z^{H'} - Z^F = 0$. Ferner abstrahieren wir von staatlichen Aktivitäten. Dann entspricht dem Einkommen der Haushalte der im Inland produzierte Warenkorb.

Übersteigt er die heimische Absorption, wird ein Teil an das Ausland transferiert (Exportüberschuß). Dies ist allerdings nur möglich, wenn die Haushalte einen Teil ihres Einkommens sparen, also Güter im Warenkorb belassen und ferner die Investoren nicht den gesamten Rest dieser Güter beanspruchen.

Die VGR zeichnet nur die in einem abgelaufenen Wirtschaftsjahr erfolgten Transaktionen auf. Sie sagt uns aber nicht, **wie** und **warum** es zu einem bestimmten Leistungsbilanzsaldo gekommen ist. In diesem Zusammenhang ist zu berücksichtigen, daß die Ersparnis der Haushalte, das staatliche Budgetdefizit und die Leistungsbilanz, ferner die Investitionen Ergebnis von einzelwirtschaftlichen Plänen der Haushalte, des Staates und der Unternehmen sind. Diese Pläne brauchen ex ante nicht übereinzustimmen. Vielmehr übernehmen Märkte die Koordinationsfunktion. In diesem Sinne stellt die Gleichung (1b) eine **Gleichgewichtsbedingung für den Gütermarkt** dar.

Im Hinblick auf die Beantwortung der Frage, wie das Gütermarktgleichgewicht erreicht wird läßt sich zwischen dem **Absorptionsansatz** und dem **strukturellen Ansatz** unterscheiden. Wie beim Elastizitätsansatz wird in beiden Modellen oftmals von einem Saldo aus Zinseinnahmen zwischen In- und Ausland abgesehen.

1.3.2 Absorptionsmodelle [1)]

1.3.2.1 Die grundlegenden Hypothesen

Im Zentrum des Absorptionsansatzes stehen die folgenden Annahmen:

(1) Ein Saldo in der **Handelsbilanz** wird durch eine Divergenz zwischen heimischer Produktion und heimischer Absorption **verursacht.**

(2) Ein Saldo in der **Leistungsbilanz** wird durch eine Divergenz zwischen gesamtwirtschaftlicher Ersparnis und Investion **verursacht.**

Die erste Hypothese basiert auf der Annahme, in- und ausländische (international gehandelte) Güter seien **vollständig** substitutiv. Die zweite Hypothese basiert ebenfalls auf der unterstellten vollständigen Substitutivität zwischen in- und ausländischen Gütern. Zusätzlich werden bestimmte Annahmen über Zusammenhänge zwischen Absorption und Ersparnis gemacht.

1) Begründer ist S. Alexander (1952).

Wir wollen den Gedankengang des Absorptionsansatzes sukzessive aufrollen und beginnen hierzu mit dem einfachsten Fall: Wir modellieren eine Volkswirtschaft ohne Staat.

1.3.2.2 Die Grundkonzeption im einfachsten Fall

Angenommen, ein großes Land (Laopec) produziert ein homogenes Güterbündel, das von Konsumenten und Investoren nachgefragt wird. Im Autarkiezustand bilde sich hierfür ein bestimmter Preis heraus. Die Produktionshöhe entspricht dem Vollbeschäftigungsniveau. Analoges vollzieht sich im Ausland. Dort kommt es zum Preis P'.

Werden nun die Grenzen geöffnet und existieren weder Handelshemmnisse wie Zölle etc. noch nennenswerte Transportkosten, dann wird sich die Weltnachfrage dorthin richten, wo das Gut am billigsten ist. Das Weltangebot wird dorthin wandern, wo der Preis am höchsten ist. Es entsteht ein generelles Marktungleichgewicht, das erst dann abgebaut ist, wenn in- und ausländischer Güterpreis zusammenfallen. Es gilt dann das "law of indifference":

(1) $P = P'e$

In- und ausländischer Gütermarkt verschmelzen zu einem gemeinsamen Weltmarkt.

Das Weltmarktangebot ist gleich der Summe aus in- und ausländischer Produktion, die Weltmarktnachfrage ist gleich der Summe aus in- und ausländischer Absorption [1]:

(2) $Y + Y' = A + A'$

Gleichung (2) kann umgeformt werden zu:

(2a) $Y - A = A' - Y'$

Im Weltmarktgleichgewicht entspricht somit der Überschuß der inländischen Produktion über die Absorption durch die Inländer genau dem Teil der ausländischen Absorption, der über die ausländische Produktion hinausgeht. In diesem Umfang wird das Inland Güter **exportieren.** $Y - A > 0$ bestimmt somit einen Export, $Y - A < 0$ einen Import. Sind die in- und ausländischen Güter vollständig substitutiv,

1) Ausländische Größen werden mit " ' " bezeichnet.

wird ein Land entweder nur exportieren oder nur importieren. Damit aber wird im Weltmarktgleichgewicht ein Saldo in der **Handelsbilanz** durch eine Divergenz zwischen heimischer Produktion und heimischer Absorption **verursacht**.

(3) $TC \;=\; Y - A \;=\; -TC'$

Obiges Modell bildet eine **"large open economy" (Laopec)** ab, ein großes Land. Kennzeichnend für eine Laopec ist, daß sie mit ihrem Exportangebot und mit ihrer Importnachfrage den Weltmarkpreis beeinflußt. Steigt z. B. die heimische Absorption, hat das auf dem Weltmarkt eine Übernachfrage zur Folge, sowohl das in- als auch das ausländische Preisniveau steigen.

Sehr viel häufiger wird in der Außenwirtschaftstheorie eine **"small open economy" (Smopec)** modelliert. Ein kleines Land kann mit einem Polypolisten auf dem vollkommenen Markt verglichen werden, dessen Marktanteil so verschwindend klein ist, daß von Variationen seines Angebotes bzw. seiner Nachfrage keine Wirkung auf den Weltmarktpreis ausgeht. Der Weltmarktpreis ist für das kleine Land somit ein Datum. Zu diesem Preis kann jedes inländische Überangebot auf dem Weltmarkt abgesetzt und kann jede inländische Übernachfrage auf dem Weltmarkt gedeckt werden. Ersteres induziert einen Nettoexport und damit einen Überschuß in der Handelsbilanz, letzteres einen Nettoimport und damit ein Defizit in der Handelsbilanz. Ein inländisches Überangebot (-nachfrage) entsteht wiederum dann, wenn Y die heimische Absorption übersteigt (hinter A zurückbleibt).

Wir wollen zunächst von grenzüberschreitenden Zinszahlungen abstrahieren; Handels- und Leistungsbilanz entsprechen dann einander:

(4-1) $CC \;=\; TC \;=\; Y - A \;=\; Y - C - I$

In unserem einfachen Modell folgt für die Budgetrestriktion der Haushalte:

(5-1) $Y \;=\; C + S^H$

Eingesetzt in Gleichung (4), erhalten wir:

(4a) $CC \;=\; S^H - I$

Via Budgetrestriktion wird somit ein Saldo in der Leistungsbilanz nicht nur durch $Y - A$, sondern auch durch $S^H - I$ bestimmt.

Berücksichtigen wir nun grenzüberschreitende Zinszahlungen und unterstellen $Z^F \;=\; 0$. Dann folgt:

(4-2) $CC \;=\; TC + Z^{H'} \;=\; Y - A + Z^{H'} \;=\; Y - C - I + Z^{H'}$

$$(5-2)\quad Y+Z^{H'} = C+S$$

(5-2) in (4-2) eingesetzt, führt uns wiederum zu Gleichung (4a).

1.3.2.3 Berücksichtigung von reinen Binnengütern

An diesen Zusammenhängen ändert sich nichts, wenn wir neben international gehandelten Gütern **reine Binnengüter** berücksichtigen. In diesem Fall folgt für das reale Sozialprodukt:

$$(1)\quad Y = Y_T\left(\underset{+}{q}\right)q + Y_N\left(\underset{-}{q}\right)$$

$$(2)\quad q = \frac{P_T}{P_N}$$

Y_T beschreibt die Produktion der international gehandelten Güter, Y_N die der Binnengüter. Die Produktionsstruktur wird wesentlich durch den relativen Preis zwischen beiden Güterkategorien bestimmt. Verteuern sich international gehandelte Güter, wird die Produktion zu ihren Gunsten umstrukturiert.

Herrscht stets **Vollbeschäftigung**, produziert die Volkswirtschaft auf der Transformationskurve. In diesem Fall gilt:

$$(3)\quad \frac{\partial Y_T}{\partial q} = -\frac{\partial Y_N}{\partial q}\frac{1}{q}$$

Betrachten wir zur Vereinfachung eine Volkswirtschaft ohne staatliche Aktivitäten und ohne Investitionen. Dann wird die heimische Nachfrage und somit Absorption allein durch die Konsumnachfrage nach beiden Gütern bestimmt. Bei ihren Entscheidungen unterliegen die Haushalte dabei der Restriktion eines gegebenen Einkommens:

$$(4)\quad Y = C_T q + C_N + S^H$$

Wichtig für die Konsumstruktur ist wiederum der relative Preis zwischen in- und ausländischen Gütern:

$$(5)\quad C_N = C_N\left(\underset{+}{q},\underset{+}{Y}\right)$$

Eine weitere Entscheidung betrifft die Sparhöhe. Wir verschieben dies auf die folgenden Abschnitte.

Fassen wir die Gleichungen (1) und (4) zusammen, erhalten wir die gesamtwirtschaftliche Budgetrestriktion:

$$(6) \quad (Y_T - C_T)q \quad = \quad -(Y_N - C_N) + S^H$$

Wenn ein flexibler Binnenmarktpreis stets für ein Gleichgewicht auf dem Binnenmarkt sorgt, erhalten wir:

$$(7) \quad Y_N \quad = \quad C_N$$

In diesem Fall setzt eine Divergenz zwischen der Produktion und der heimischen Absorption von international gehandelten Gütern voraus, daß die Haushalte sparen bzw. entsparen. Bei vollständiger Substitutivität international gehandelter Güter gilt in einem kleinen Land stets und in einer Laopec im Weltmarktgleichgewicht:

$$(8) \quad P_T \quad = \quad P'_T e$$

Zu diesem Preis wird wiederum genau das exportiert, was an der inländischen Produktion Y_T von den Inländern nicht nachgefragt wird. Umgekehrt verhält es sich mit Importen. Somit wird auch jetzt ein Saldo in der Handels- und hier auch in der Leistungsbilanz durch eine Divergenz zwischen inländischer Produktion (nun an international gehandelten Gütern) und inländischer Absorption bestimmt. Wiederum ist diese Divergenz nur möglich, wenn gespart bzw. entspart wird.

$$(9) \quad TC \quad = \quad (Y_T - C_T)q \quad = \quad S^H$$

1.3.2.4 Berücksichtigung staatlicher Aktivitäten

Wir kehren zurück zu unserem **Ein-Gut-Modell** und erweitern es um staatliche Aktivitäten. Die gesamtwirtschaftliche Absorption wird dann um die Staatsausgaben für Güter und Dienste erweitert. Für die Bestimmungsfaktoren des Handelsbilanzsaldos folgt:

$$(1) \quad TC \quad = \quad Y - C - A^{St} - I$$

Maßgeblich für die Finanzierung von A^{St} ist die staatliche Budgetrestriktion:

$$(2) \quad BD \quad = \quad A^{St} + Z^H + Z^F - T \quad = \quad -S^{St}$$

Wie wir bereits wissen, bezeichnen $Z^H + Z^F$ staatliche Zinszahlungen an In- und Ausländer.

Für die Budgetrestriktion der Haushalte erhalten wir:

$$(3) \quad Y + Z^H + Z^{H'} - T = C + S^H$$

Setzen wir (2) und (3) in (1) ein, führt dies zu:

$$(1a) \quad TC = -Z^{H'} + Z^F + S^H - BD - I$$

$$(4) \quad CC = S^H - BD - I$$

Ein Leistungsbilanzdefizit z. B. wird nun **verursacht** durch eine relativ zum staatlichen Budgetdefizit und zur privaten Investition zu geringe Ersparnis. Folgerichtig betrachten die Vertreter des Absorptionsansatzes S^H, BD und I als zentrale Ansatzpunkte, wenn es darum geht, die Leistungsbilanzssituation eines Landes zu verändern. Grundlage hierfür sind Kenntnisse darüber, wie die gesamtwirtschaftliche Ersparnis und Investitionen bestimmt werden. Hierbei können wir **atemporale** und **intertemporale** Ansätze unterscheiden.

1.3.2.5 Atemporale Absorptionstheorie

Im folgenden gehen wir von einer Ein-Produkt-Volkswirtschaft aus. Es handelt sich um eine Smopec. Im allgemeinen unterstellt die Absorptionstheorie eine neoklassische Welt: Aufgrund flexibler Reallöhne herrscht stets Vollbeschäftigung. Bei gegebenem Kapitalstock, konstanter Technologie und Bevölkerung ist das reale Sozialprodukt konstant. Die Entscheidung zwischen Konsum und Ersparnis wird zwar aufgrund eines intertemporalen Nutzenmaximierungskalküls gefällt, jedoch bleiben zukünftig (erwartete) Einkommensänderungen unberücksichtigt. Sowohl der Konsum als auch die Ersparnis sind bei konstanten Realeinkommen ausschließlich eine Funktion des Realzinssatzes. Dasselbe gilt für Investitionen. Im Hinblick auf den Realzins wird analog zur Güterwelt unterstellt, in- und ausländische Wertpapiere seien vollständig substitutiv; der Realzins stelle für die Smopec ein Datum dar. Dann aber ist die private heimische Absorption konstant. Daraus ergeben sich bedeutsame wirtschaftspolitische Konsequenzen: Soll die Situation der Leistungsbilanz verbessert werden, bietet sich das staatliche Budgetdefizit als entscheidender Ansatzpunkt an. Da die private heimische Absorption konstant ist, ist mit einem Abbau staatlicher

Budgetdefizite ein Abbau von Leistungsbilanzdefiziten garantiert. Anders gewendet, werden staatliche Budgetdefizite zum entscheidenden Bestimmungsgrund für Defizite in der Leistungsbilanz.

1.3.2.6 Intertemporale Absorptionsmodelle [1)]

1.3.2.6.1 Überblick

Intertemporale Modelle zur Bestimmung von Salden in der Leistungsbilanz stellen eine moderne Variante der Absorptionstheorie dar. Wie dort rückt die Differenz zwischen Haushaltsersparnis, Investitionen und staatlichen Budgetdefiziten als Erklärungsfaktor in den Mittelpunkt. Anders als im obigen Modell wird nun aber den Entscheidungskalkülen der Wirtschaftssubjekte ein Planungshorizont zugrunde gelegt, der eine Periode übersteigt, wobei **den (erwarteten) zukünftigen Einkommensströmen** eine entscheidende Bedeutung beigemessen wird. Eine zentrale Rolle spielt ferner die Forderung, daß kein Wirtschaftssubjekt am Ende des Planungshorizontes eine Schuldnerposition innehat. Diese **"solvency constraint"** stellt einen zwingenden Zusammenhang zwischen den Leistungsbilanzsalden in den einzelnen Planungsperioden des Planungshorizontes her.

Bei der Darstellung des intertemporalen Ansatzes gehen wir von folgenden vereinfachenden Annahmen aus:

1. Wir betrachten ein kleines Land (Smopec).
2. In der Volkswirtschaft wird nur ein Gut produziert, das dem Konsum dient.
3. Von Investitionen sehen wir ab. Damit verzichten wir auf eine intertemporale Gewinnmaximierung der Unternehmen.
4. Die Weltmarktpreise für Güter und Wertpapiere sind konstant.
5. Der Planungshorizont umfasse zwei Perioden.
6. In jeder Periode lebt nur eine Generation. Wir berücksichtigen somit keine sich überlappenden Generationen.
7. Im gesamten Planungszeitraum herrscht vollkommene Voraussicht.
8. Ausländer halten keine inländischen Wertpapiere.

1) Vgl. W.H. Buiter (1987), J.A. Frenkel, and A. Razin (1985 a, b), J.D. Sachs (1981).

Wir beginnen zunächst mit einer Volkswirtschaft ohne Staat. Im Anschluß daran führen wir staatliche Budgetdefizite ein. Hierbei unterstellen wir zunächst, diese würden vollständig kreditfinanziert. Abschließend betrachten wir zusätzlich die Konsequenzen teilweise geldmengenfinanzierter Budgetdefizite.

1.3.2.6.2 Das Grundmodell ohne staatliche Aktivitäten

Wir erinnern uns: Im Zentrum des Absorptionsansatzes steht die Hypothese, daß in einer Volkswirtschaft ohne staatliche Aktivitäten und Investitionen ein Saldo in der Handelsbilanz durch die Differenz zwischen Produktion und inländischer Absorption, hier: Konsum der Haushalte, bestimmt wird. Diese Differenz ist wiederum - vernachlässigen wir grenzüberschreitende Zinseinkommen - mit der **Ersparnis** der Haushalte, ferner mit der Leistungsbilanz identisch. Die Haushaltsersparnis wird nun im Rahmen des intertemporalen Ansatzes auf der Grundlage der Nutzenmaximierung eines repräsentativen Haushalts abgeleitet. Der Planungshorizont umfasse zwei Perioden. Vereinfachend abstrahieren wir von Entscheidungen über das Arbeitsangebot. Nutzen stiftet der Konsum in beiden Perioden. Wir unterstellen beispielhaft die folgende Nutzenfuktion:

$$(1) \quad U = C_t^{\alpha} C_{t+1}^{\alpha/1+\delta} \qquad 0 < \alpha < 1; \delta > 0$$

δ bringt die Rate der Zeitpräferenz zum Ausdruck. Ist diese größer als 0 , steht der gegenwärtige Konsum in der Wertschätzung der Haushalte höher als der zukünftige.

Der repräsentative Haushalt erzielt in t ein Einkommen, das aufgrund der Vollbeschäftigungsannahme konstant ist. Er verwendet dies, um zu konsumieren und zu sparen. Hierbei ist auch eine negative Ersparnis, d.h. eine Verschuldung denkbar. Es wird gängigerweise unterstellt, eine positive Ersparnis würde in voller Höhe zum Erwerb von Wertpapieren oder synonym zur Kreditvergabe verwendet.

Analog zu den Gütern wird unterstellt, in- und ausländische Wertpapiere seien vollständig substitutiv. Es existiere ein gemeinsamer Weltkapitalmarkt mit einem für In- und Ausland einheitlichen Zinssatz. Dieser ist für die Smopec ein Datum.

Annahmegemäß wird keine Inflation bzw. Deflation erwartet. Nominal- und Realzins entsprechen dann einander. Entspart der Haushalt, so entspricht dem annahmegemäß in voller Höhe eine Kreditaufnahme auf dem Weltkapitalmarkt. Unberücksichtigt bleibt somit die Möglichkeit zu horten, bzw. zu enthorten. Für die Budgetrestriktion folgt in t (in realen Größen):

(2) $Y_t \quad = \quad C_t + S_t$

Zusätzlich ist nun eine Budgetrestriktion für die Periode $t+1$ relevant. Wichtig ist dabei die Annahme, daß der Haushalt am Ende von $t+1$ keine Verbindlichkeiten mehr hat. Wir fassen die Bedingung strenger und unterstellen, der repräsentative Haushalt habe am Ende von $t+1$ weder Verbindlicheiten noch Forderungen. Unter der Annahme eines in beiden Perioden konstanten Preisniveaus, das dem Weltmarktpreis entspricht:

(3) $P_t \quad = \quad P_{t+1} \quad = \quad P'e$

folgt:

(4) $Y_{t+1} + S_t(1+i) \quad = \quad C_{t+1}$

i ist dabei der Nominal- = Realzins. Er entspricht dem konstanten Weltzinsniveau:

(5) $i_t \quad = \quad i_{t+1} \quad = \quad i'$

Spart der Haushalt in der ersten Periode, steht ihm in $t+1$ eine Kaufkraft zur Verfügung, die das Einkommen übersteigt. Dieses akkumulierte Vermögen löst er in der zweiten Periode wieder auf , d.h. er entspart in $t+1$:

(6) $S_{t+1} \quad = \quad -S_t$

Entspart der repräsentative Haushalt andererseits in t, muß er dies in $t+1$ durch eine entsprechende positive Ersparnis wieder wettmachen.

Die Budgetrestriktionen beider Perioden können wir zu sogenannten **integrierten Budgetrestriktion** zusammenfassen:

(7) $Y_{t+1} + \frac{Y_{t+1}}{1+i} \quad = \quad C_t + \frac{C_{t+1}}{1+i}$

Die linke Seite der obigen Gleichung bildet den Gegenwartswert des gesamten über den Planungszeitraum erzielten Einkommens ab. Es wird vollständig dazu verwendet, um zu konsumieren. Die rechte Seite bildet entsprechend den Gegenwartswert des Konsums im gesamten Planungszeitraum ab. Die Nutzenmaximierung wird auf der Grundlage der folgenden Lagrange-Funktion vorgenommen:

(8) $L \quad = \quad C_t^{\alpha} C_{t+1}^{\alpha/1+\delta} + \lambda \left[Y_t + \frac{Y_{t+1}}{1+i} - C_t - \frac{C_{t+1}}{1+i} \right]$

Dies führt zu:

$$(9)\quad \frac{C_{t+1}}{C_t} = \frac{1+i}{1+\delta}$$

Entscheidend für das Verhältnis zwischen heutigem und zukünftigen Konsum ist also das Verhältnis zwischen Zinssatz und der Rate der Zeitpräferenz. Steigt i relativ zu δ, wird der Haushalt seinen Gesamtkonsum zugunsten der Zukunft umstrukturieren. Setzt man (9) in die integrierte Budgetrestriktion ein, erhält man:

$$(7a)\quad C_t = \left(\frac{1+\delta}{2+\delta}\right)\left(Y_t + \frac{Y_{t+1}}{1+i}\right)$$

Offensichtlich hängt der **laufende Konsum** nicht nur vom laufenden, sondern auch vom **zukünftigen Einkommen** ab. Dies bleibt in atemporalen Ansätzen unberücksichtigt. Analog gilt für die Ersparnis, die wir durch Einsetzen von (7a) in (2) erhalten:

$$(2a)\quad S_t = -S_{t+1} = \frac{Y_t}{2+\delta} - \frac{(1+\delta)}{(2+\delta)}\frac{Y_{t+1}}{1+i}$$

Damit sind auch die Bestimmungsfaktoren für die Handels- und Leistungsbilanz in beiden Perioden festgelegt. In t entsprechen sich beide Bilanzen, da keine Zinseinkommen aus dem Ausland bezogen werden. Sowohl ein Saldo in der Handels- auch in der Leistungsbilanz werden durch die Ersparnis bestimmt.

$$(10)\quad CC_t = TC_t = S_t$$

Dagegen werden in $t+1$ Zinseinkommen aus dem Ausland bezogen. Für den Saldo der **Handelsbilanz** folgt hier:

$$(11)\quad TC_{t+1} = Y_{t+1} - C_{t+1} = -S_t(1+i)$$

Unter Berücksichtigung von (8) folgt

$$(11a)\quad TC_{t+1} = -TC_t(1+i)$$

und somit:

$$(11b)\quad TC_t + \frac{TC_{t+1}}{1+i} = 0$$

Aufgrund der "solvency constraint" sind die Handelsbilanzsalden in beiden Perioden nicht voneinander unabhängig. Entsparen die Haushalte in t, führt dies in t zu einem Defizit in der Handelsbilanz. Damit verbunden ist eine Kreditaufnahme, die in $t+1$ einschließlich zu bezahlender Zinsen wieder abgebaut werden muß. Dies wird erreicht, indem in $t+1$ weniger konsumiert wird, als an Faktoreinkommen zufließt. Damit verbunden ist ein Handelsbilanzüberschuß in $t+1$. Da Zinseinkommen zu entrichten sind, muß der Überschuß in $t+1$ um diese Zinszahlungen höher ausfallen. Die Summe der **abdiskontierten** Handelsbilanzsalden muß gleich Null sein.

In der Periode t entsprechen Leistungs- und Handesbilanz einander. In $t+1$ hingegen unterscheiden sie sich um die grenzüberschreitenden Zinszahlungen:

$$(12) \quad CC_{t+1} = Y_{t+1} - C_{t+1} + S_t i$$

Dies führt zu:

$$(12a) \quad CC_{t+1} = -S_t = -CC_t$$

Einem Leistungsbilanzdefizit in t, verursacht durch eine negative Ersparnis der Haushalte, muß ein Überschuß in $t+1$ entsprechen. Ferner erkennen wir, daß ein Anstieg des **aktuellen** Einkommens - ausgehend von einer anfänglichen ausgeglichenen Bilanz - zu einer Aktivierung der Leistungsbilanz führt, da die Ersparnis zunimmt. Hingegen hat die Zunahme des **zukünftigen Einkommens** eine **Passivierung** der Leistungsbilanz zur Folge. Dies zu begründen, fällt am leichtesten, wenn wir einmal unterstellen, Zins und Zeitpräferenz entspächen einander. Unter dieser Annahme folgt für S_t :

$$(13) \quad S_t = \frac{1}{2+\delta}(Y_t - Y_{t+1})$$

Stimmen Zins und Zeitpräferenz überein, dann strebt der Haushalt danach, einen in beiden Perioden gleich hohen Konsum zu realisieren. Dies ist bei **unterschiedlichen** Einkommensniveaus nur möglich, wenn der Haushalt spart, bzw. entspart. Ist $Y_t > Y_{t+1}$, wird ein in beiden Perioden gleicher Konsum möglich, indem der Haushalt in t spart. Umgekehrt verhält es sich, wenn das zukünftige Einkommen höher als das gegenwärtige ist. Analog führt jeder isolierte Anstieg des zukünftigen Einkommens zu einem Rückgang der aktuellen Ersparnis.

Nehmen wir nun an, die Einkommensniveaus seien in beiden Perioden gleich, es divergieren jedoch Zinssatz und Zeitpräferenz. Dann erhalten wir für S_t :

$$(14) \quad S_t = \frac{i-\delta}{2+\delta}Y$$

Offensichtlich wird dann nur gespart ıın der Zinssatz über der Rate der Zeitpräferenz liegt.

Die in (2a) abgebildete Sparfunktion läßt sowohl unterschiedliche Einkommensniveaus als auch eine Differenz zwischen Zins und Zeitpräferenz zu. Letztere bestimmt die Struktur des Gesamtkonsums. Steigt nun ceteris paribus Y_{t+1}, ändert sich die gewünschte Konsumstruktur nicht. Um die alte Konsumstruktur zu realisieren, muß der Haushalt in t nur noch weniger sparen. Umgekehrt verhält es sich bei einem Anstieg von Y_t. Nimmt hingegen die Rate der Zeitpräferenz relativ zum Zinssatz zu, ändert sich die gewünschte Konsumstruktur zugunsten der Gegenwart. Bei gegebenen Einkommen in beiden Perioden hat das einen Rückgang von S_t zur Folge.

Da die Ersparnis den Saldo der Leistungsbilanz bestimmmt, können wir zusammenfassend festhalten:

Im intertemporalen Absorptionsansatz ohne Staat und Investitionen wird ein Saldo in der Leistungsbilanz durch intertemporal unterschiedliche Einkommensniveaus und/oder durch eine Divergenz zwischen dem Zinssatz und der Rate der Zeitpräferenz bestimmt. Wird über den Planungshorizont hinweg ein konstantes Einkommen erzielt, kommt es in t zu einem Leistungsbilanzdefizit, wenn die Rate der Zeitpräferenz über dem Zinssatz liegt. Übersteigt hingegen der Zinssatz die Rate der Zeitpräferenz, entsteht ein Überschuß in der Leistungsbilanz. Stimmen Zeitpräferenz und Zinssatz überein, wird ein Saldo in der Leistungsbilanz durch eine Differenz zwischen dem Einkommen in t und $t+1$ bestimmt. Liegt Y_{t+1} über (unter) Y_t, kommt es in t zu einem Leistungsbilanzdefizit (-überschuß).

Aufgrund der "solvency constraint" sind die Leistungsbilanzsalden in den einzelnen Planungsperioden nicht voneinander unabhängig. Einem Überschuß in t muß ein Defizit in $t+1$ entsprechen und umgekehrt.

1.3.2.6.3 Die Bedeutung staatlicher Aktivitäten

Wir modifizieren nun unser Modell durch die Einführung staatlicher Aktivitäten. Annahmegemäß leistet der Staat Ausgaben für Güter und Dienste und erzielt Steuereinnahmen. I.d.R. werden Kopfsteuern unterstellt. Übersteigen die Staatsausgaben die Steuern, entsteht ein Budgetdefizit. Dies wiederum ist gleichbedeutend mit einer negativen staatlichen Ersparnis (S^{St}). Der Staat deckt es durch Kreditaufnahme auf dem Weltkapitalmarkt zum konstanten Weltzinssatz. Er ist hingegen Kreditanbieter, wenn die Steuereinnahmen die Staatsausgaben übersteigen. Auch für den Staat wird die "solvency constraint" gefordert, d.h. am Ende der Planungsperiode steht er ohne Verbindlichkeiten da. Wir fordern zudem, daß er auch keine Forderungen mehr besitzt. Für die Budgetrestriktionen des Staates in beiden Perioden folgt:

(1) $S_t^{St} = T_t - A_t^{St}$

(2) $T_{t+1} - A_{t+1}^{St} + S_t^{St}(1+i) = 0$

(3) $i = i'$

Aufgrund der "solvency constraint" muß also ein staatliches Budgetdefizit in $t(S^{St} < 0)$ einem Überschuß in $t+1$ entsprechen:

(4) $S_t^{St} = -S_{t+1}^{St}$

Fassen wir die beiden Budgetrestriktionen zusammen, erhalten wir die integrierte Budgetrestriktion des Staates:

(5) $T_t + \frac{T_{t+1}}{1+i} = A^{St} + \frac{A^{St}}{1+i}$

Die "solvency constraint" erfordert also die Übereinstimmung der abdiskontierten Ausgaben des gesamten Planungszeitraums mit den abdiskontierten Einnahmen.

Unter Berücksichtigung von Steuern folgt für die integrierte Budgetrestriktion der Haushalte:

(6) $Y_t + \frac{Y_{t+1}}{1+i} - \left[T_t + \frac{T_{t+1}}{1+i}\right] = C_t + \frac{C_{t+1}}{1+i}$

Nutzenmaximierung führt nun zu:

(7) $C_t = \left[\frac{1+\delta}{2+\delta}\right]\left[Y_t + \frac{Y_{t+1}}{1+i} - T_t - \frac{T_{t+1}}{1+i}\right]$

(8) $C_{t+1} = \left[\frac{1+i}{1+\delta}\right]C_t$

(9) $S_t^H = Y_t - T_t - C_t = -S_{t+1}^H$

Für den Saldo der Leistungsbilanz ist die gesamtwirtschaftliche Ersparnis von Relevanz. Hierfür erhalten wir:

(10) $S_t = S_t^H + S_t^{St} = CC_t$

$$(10a)\quad CC_t = Y_t - A_t^{St} - \left[\frac{1+\delta}{2+\delta}\right]\left[Y_t + \frac{Y_{t+1}}{1+i} - T_t - \frac{T_{t+1}}{1+i}\right]$$

Setzen wir nun in (10a) die intertemporale Budgetrestriktion des Staates ein, führt dies zu:

$$(10b)\quad S_t = Y_t - A_t^{St} - \left[\frac{1+\delta}{2+\delta}\right]\left[Y_t + \frac{Y_{t+1}}{1+i} - A_t^{St} - \frac{A_{t+1}^{St}}{1+i}\right]$$

$$(11)\quad S_t = CC_t = -CC_{t+1}$$

Die Gleichungen (10a) und (11) machen einen wichtigen Sachverhalt deutlich: Unterliegt der Staat der "solvency constraint", ist eine Verschuldung gegenüber dem privaten Sektor, bzw. ein Forderungserwerb nur vorübergehend erlaubt. Auf jeden Fall muß bis zum Ende von $t+1$ ein bestehender Schuldenstand bzw. ein Forderungsbestand abgebaut sein. Dies wiederum hat zur Konsequenz, **daß staatliche Budgetdefizite für den Saldo der Leistungsbilanz unerheblich sind**. Entscheidend ist vielmehr das Ausgabenverhalten im gesamten Planungszeitraum. Dahinter steht die folgende Überlegung: Geht der Staat in t aufgrund einer Ausgabenerhöhung ein Budgetdefizit ein, muß dies durch entsprechende Steuererhöhungen in $t+1$ wettgemacht werden. Dies wiederum wird von den Haushalten, die ihren Planungen eine **intertemporale** Budgetrestriktion zugrunde legen, antizipiert. M.a.W. gilt das sogenannte "Ricardianische Äquivalenztheorem", nach dem Steuer- und Kreditfinanzierung dieselben Effekte haben. Anders als im vorangehend beschriebenen atemporalen Absorptionsansatz bilden nun Budgetdefizite keinen Ansatzpunkt mehr, um die Leistungsbilanzsituation eines Landes zu beeinflussen. Vielmehr ist am **intertemporalen** Ausgabenmuster anzusetzen.

Angenommen, der Staat plant für $t+1$ eine Ausgabenerhöhung. Dann hat das offensichtlich bereits in t Konsequenzen für die Leistungsbilanz. Im Mittelpunkt steht dabei die Ersparnis der Haushalte. Wie bereits dargelegt, ändert sich die Haushaltsersparnis, wenn der Abstand zwischen i und δ bzw. die Differenz zwischen dem heutigen und dem zukünftigen Einkommen variiert wird. Ersteres bleibt durch den zukünftigen Staatsausgabenanstieg unverändert, da der Weltmarktzinssatz unverändert bleibt. Dagegen hat die geplante Staatausgabenerhöhung Einfluß auf das Einkommen in $t+1$. Sie führt dann nämlich zu einer Steuererhöhung im selben Ausmaß, d.h. Y_{t+1} geht zurück. Um die unverändert gebliebene intertemporale Konsumstruktur zu realisieren, muß in t mehr gespart werden. Die Haushaltsersparnis nimmt also in t zu und führt in t zu einem **Überschuß** in der Leistungsbilanz.

Erhöht hingegen der Staat bereits in t seine Ausgaben, führt dies bereits bei unverändertem privaten Sparverhalten dazu, daß die Leistungsbilanz ins **Defizit** gerät. Dies ist darauf zurückzuführen, daß die Steuern unverändert geblieben sind, also ein staatliches Budgetdefizit entstanden ist. Damit ist jedoch nicht die vollständige Wirkung beschrieben. Die Haushalte antizipieren nämlich, daß dem Budgetdefizit des Staates eine Steuererhöhung folgen wird und beziehen diese in ihre Entscheidung über die laufende Ersparnis mit ein. Die erwartete Steuererhöhung läßt zwar die intertemporale Konsumstruktur unverändert, sie führt jedoch dazu, daß zu ihrer Realisierung in t eine höhere Haushaltsersparnis notwendig ist. Ceteris paribus hat das wie im zuvor beschriebenen Fall eine Aktivierung der Leistungsbilanz zur Folge. Per saldo wird dennoch eine Passivierung einsetzen, da die Konsumquote $(1+\delta)/(2+\delta)$ kleiner als eins ist.

Zusammenfassend können wir festhalten: Im Unterschied zum atemporalen Absorptionsmodell ist im intertemporalen Ansatz nicht das Budgetdefizit des Staates von entscheidender Bedeutung für das Verhalten der Leistungsbilanz, sondern das intertemporale staatliche Ausgabenmuster. Die Frage, ob Steuer- oder Kreditfinanzierung gewählt wird, spielt dagegen keine Rolle. Hierbei kann gezeigt werden, daß ein zukünftiger Staatsausgabenanstieg die gegenwärtige Leistungsbilanz aktiviert. Hingegen ruft ein sofortiger Ausgabenanstieg eine Passivierung der Leistungsbilanz hervor.

Der intertemporale Ansatz zeigt ferner, daß zwischen Leistungsbilanzsalden verschiedener Perioden ein zwingender Zusammenhang besteht, wenn die Wirtschaftssubjekte einer "solvency constraint" unterliegen. Einem Überschuß in t muß dann ein Defizit in $t+1$ gegenüberstehen.

Einschränkend ist allerdings auf den Prämissenkatalog hinzuweisen. So wird von einer **Kopfsteuer** ausgegangen. Damit rechnet jedes private Wirtschaftssubjekt damit, eine Staatsausgabenerhöhung in voller Höhe durch Steuern auch selbst bezahlen zu müssen. Ferner wird unterstellt, daß Staatsschuldtitel und private Schuldtitel **vollständig substitutiv** sind. Die Haushalte diskontieren also Staatsschuldtitel und private Wertpapiere mit demselben Zinssatz ab. Ansätze, die diese Annahmen aufgeben, gelangen zu dem Schluß, daß die Frage, ob ein Staatsausgabenanstieg durch Steuern oder Kredite finanziert wird, durchaus Bedeutung für die Reaktion der Leistungsbilanz hat. Zu einer differenzierten Betrachtungsweise gelangt man auch, wenn **Geld** explizit in die Analyse eingeführt wird und es dem Staat erlaubt wird, einen Teil seiner Defizite durch Geldschöpfung (ΔM_t) zu finanzieren.

In diesem Fall folgt für die staatliche Budgetrestriktion in t :

$$(12) \quad A_t^{St} - T_t = -S_t^{St} = \Delta B_t + \Delta M_t$$

Ein staatliches Budgetdefizit wird nun sowohl durch Emission von Wertpapieren (ΔB_t) oder synonym durch Kreditaufnahme auf dem Weltmarkt und durch Geldschöpfung finanziert. Wird nun die "solvency constraint" nicht auf die Geldschöpfung ausgedehnt und wird auch in $t+1$ Geldschöpfung zugelassen, folgt für die Budgetrestriktion in $t+1$:

$$(13) \quad A_{t+1}^{St} + \Delta B_t(1+i) - T_{t+1} = \Delta M_{t+1}$$

Daraus erhalten wir die folgende intertemporale Budgetrestriktion des Staates:

$$(14) \quad A_t^{St} + \frac{A_{t+1}^{St}}{1+i} - T_t - \frac{T_{t+1}}{1+i} = \Delta M_t + \frac{\Delta M_{t+1}}{1+i}$$

Offensichtlich wird nun kein intertemporaler Budgetausgleich mehr gefordert. Legen die Haushalte nach wie vor ihre gesamte Ersparnis in Wertpapieren an, ändert sich an den Bestimmungsgründen für die intertemporale Konsumstruktur nichts. Integriert man nun (14) in die Sparfunktion der Haushalte, folgt:

$$(15) \quad S_t^H = Y_t - T_t - \left[\frac{1+\delta}{2+\delta}\right]\left[Y_t + \frac{Y_{t+1}}{1+i} - A_t^{St} - \frac{A_{t+1}^{St}}{1+i} + \Delta M_t + \frac{\Delta M_{t+1}}{1+i}\right]$$

Offensichtlich spielt nun die Art und Weise, wie ein Budgetdefizit finanziert wird, durchaus eine Rolle für das abdiskontierte Einkommen des gesamten Planungshorizontes. Wird z. B. ein Anstieg der laufenden Staatsausgaben durch Geldschöpfung finanziert, bleibt das Einkommen der Haushalte unverändert, und damit auch die Ersparnis. Für den Saldo der Leistungsbilanz folgt in t :

$$(16) \quad CC_t = Y_t - A_t^{St} - \left[\frac{1+\delta}{2+\delta}\right]\left[Y_t + \frac{Y_{t+1}}{1+i} - A_t^{St} - \frac{A_{t+1}^{St}}{1+i} + \Delta M_t + \frac{\Delta M_{t+1}}{1+i}\right]$$

Hierbei gilt wiederum:

$$(17) \quad CC_t = -CC_{t+1}$$

Ein Anstieg der laufenden Staatausgaben, der durch Geldschöpfung finanziert wird, hat in t eine Passivierung der Leistungsbilanz zur Folge. Das entstehende Defizit fällt nun aber größer aus, da die Haushaltsersparnis nicht reagiert. Der wichtige Unterschied zu vorigem Modell besteht in der Wirkung eines **zukünftigen** Staatsausgabenanstiegs. Wird er durch Geldschöpfung finanziert, hat er keine Auswirkung auf die laufende Leistungsbilanz, da das Einkommen der Haushalte unverändert bleibt.

1.3.2.7 Kritische Würdigung

Im Zentrum der Absorptionstheorie steht die Hypothese, daß ein Saldo in der Handelsbilanz durch die Differenz zwischen inländischer Produktion und inländischer Absorption bestimmt wird. Diese kausale Erklärung beruht auf der Annahme, die international gehandelten Güter seien **vollständig substitutiv**. Der Absorptionsansatz findet seine realwirtschaftlichen Grundlagen somit in der neoklassischen Außenhandelstheorie [1].

Empirische Analysen des internationalen Handels zwischen Industrienationen nach dem zweiten Weltkrieg haben nun allerdings gezeigt, daß diese Handelsströme zum größten Teil **intraindustrieller** Natur sind, d.h. sie beruhen auf einer **unvollständigen Substitutionsbeziehung** zwischen in- und ausländischen Gütern [2].

Der Saldo der Leistungsbilanz wird im Absorptionsmodell maßgeblich durch die Differenz zwischen Ersparnis und privaten Investitionen **bestimmt**. Auch dies trifft nur zu, wenn in- und ausländische international gehandelte Güter vollständig substitutiv sind. Nur dann ist bei einer Verbesserung der inländischen Leistungsbilanzsituation unmittelbar an diesen Größen anzusetzen.

Im Hinblick auf die Bestimmungsgründe von S und I sind intertemporale Ansätze in den Mittelpunkt gerückt. Zwar ist dem sicherlich zuzustimmen, daß die Wirtschaftssubjekte in die Ausgabenentscheidungen auch die Zukunft einbeziehen. Allerdings ist diese Zukunft unsicher. Es herrscht keine "perfect foresight". Einige Autoren setzen deshalb anstelle von tatsächlichen **erwartete** Zukunftsgrößen. Im Hinterkopf haben sie dabei die Annahme, Unsicherheit könne durch kalkulierbare Risiken beschrieben werden. M.a.W. existiert für die zukünftigen Größen wie Einkommen, Zinsen, Steuern eine objektive Wahrscheinlichkeitsverteilung.

1) Vgl. hierzu z.B. D. Bender, Vahlens Kompendium 1984, Bd. I, S. 401 ff.

2) Vgl. z.B. E. Minx 1980.

Kritiker entgegnen, daß Unsicherheit die Existenz von **nicht** kalkulierbaren Risiken bedeute. Sie gehen dabei so weit zu konstatieren, daß wegen hoher Informationsbeschaffungs- und -verarbeitungskosten den Wirtschaftssubjekten eine intertemporale Nutzenmaximierung nicht möglich ist [1]. Dann aber sind Gegenwart und Zukunft in den Plänen der Wirtschaftssubjekte nur locker verknüpft. Dies stellt dann auch den oben beschriebenen stringenten intertemporalen Zusammenhang der Handels- und Leistungsbilanzen in Frage.

Abschließend ist die "solvency constraint" kritisch zu hinterfragen. Zweifel sind angebracht, ob innerhalb eines wirtschaftspolitisch relevanten Zeitraums der Staat z. B. seinen kreditfinanzierten Haushalt ausgleicht.

1.3.3 Strukturelle Ansätze [2]

Sind Absorptionsmodelle vor allem im neoklassischen Lager anzusiedeln, so sind strukturelle Ansätze der Leistungbilanzerklärung dominierend keynesianischer Provenienz.

Grundlage ist die Annahme, in- und ausländische international gehandelte Güter seien **unvollständig substituiv**. Maßgeblicher Bestimmungsfaktor der realen Export- und Importnachfrage nach Endprodukten ist das Verhältnis zwischen in- und ausländischen Preisen. Zusätzlich spielen die nationalen Einkommensniveaus eine Rolle. Eventuell berücksichtigte importierte Vorleistungen sind kurzfristig ausschließlich vom Produktionsvolumen abhängig. Üblicherweise wird von grenzüberschreitenden Faktor- und Zinszahlungen abstrahiert.

Mit der Betonung von relativen Preisen wird die Brücke zum Elastizitätsansatz geschlagen. Im Gegensatz dazu wird aber die Leistungsbilanz in den gesamtwirtschaftlichen Gesamtzusammenhang gestellt. Grundlage hierfür ist die ex post Identität von Sozialprodukt, inländischer Absorption und Handelsbilanz. Ex ante wird diese zur Gleichgewichtsbedingung für den Gütermarkt. Legt man die gängigen keynesianischen Verhaltensfunktionen zugrunde, erhalten wir:

$$(1) \quad Y = C(1-t)Y + A^{St} + I(i) + TC\Big(\underset{+}{\tau}, \underset{-}{Y}, \underset{+}{Y'}\Big)$$

1) Diese Sicht basiert auf H. Simon (1957) u. (1978) als Beispiel. Sie wird vor allem von Postkeynesianern vertreten. Ein Beispiel ist P. Davidson (1982).

2) Vgl. als Hauptvertreter J.M. Fleming (1962), R.A. Mundell (1968).

t bezeichnet dabei den Steuersatz, Y' ist das ausländische Sozialprodukt. Steigt Y, nimmt die inländische Importnachfrage zu; ceteris paribus entsteht ein Handelsbilanzdefizit. Steigt hingegen Y', kommt es zu einem Exportüberschuß.

Anders als im Absorptionsansatz wird nun ein Saldo in der Handelsbilanz nicht durch eine Differenz zwischen inländischer Produktion und Absorption **bestimmt**. Vielmehr spielen nun die internationale Wettbewerbsfähigkeit und die nationalen Einkommensniveaus eine Rolle. Im Gütermarktgleichgewicht wird dabei eine Situation erreicht, in der z. B. ein Handelsbilanzüberschuß und ein Überschuß der heimischen Produktion über die Absorption **einander entsprechen**. Unberücksichtigt bleiben im strukturellen Ansatz i.d.R. grenzüberschreitende Zinszahlungen. Handels- und Leistungsbilanz entprechen dann einander.

Verantwortlich für ein Leistungsbilanzdefizit können im strukturellen Ansatz somit die folgenden Faktoren sein:

(1) Dem Inland mangelt es an internationaler Wettbewerbsfähigkeit. Dies kommt z. B. (aber nicht nur) in relativ hohen inländischen Güterpreisen zum Ausdruck, oder die inländische Währung ist überbewertet.

(2) Das Inland weist im Vergleich zum Ausland ein höheres Sozialprodukt auf.

Damit rücken die Bestimmungsfaktoren von τ, Y und Y' in den Mittelpunkt. Hierbei gilt:

$$(2) \quad \tau = \frac{P'e}{P}$$

In einer Smopec sind $Y', P'e$ Daten.

Im Rahmen keynesianischer Ansätze wird i.a. unterstellt, daß sich die Güterproduktion an die Nachfrage anpaßt und P entweder konstant ist oder aber durch Y bestimmt wird.

$$(3) \quad P = P(Y)$$

Verantwortlich für ein Leistungsbilanzdefizit kann dann ein hohes Niveau der Gesamtnachfrage sein. Die Verantwortung hierfür kann durchaus in hohen Investitionen oder hohen Staatsausgaben liegen. Im Unterschied zum atemporalen Absorptionsansatz kann nun aber nicht auf direktem Wege - ohne das inländische Sozialprodukt zu tangieren - ein Leistungsbilanzdefizit durch Abbau von Staatsausgaben vermindert werden. Voraussetzung ist vielmehr ein Rückgang von Y und/oder P .

Kritisch ist allerdings auf die Vernachlässigung von grenzüberschreitenden Zinszahlungen hinzuweisen. Diese können, wie das Beispiel USA zeigt, eine gewichtige Rolle für die Leistungsbilanz spielen. Ihre Erklärung setzt eine Auseinandersetzung mit Kapitalströmen voraus. Dies schafft die Überleitung zum folgenden Abschnitt.

2 Determinanten von Kapitalbewegungen

2.1 Überblick

Nach der Diskussion verschiedener Leistungsbilanztheorien wenden wir uns nun den Kapitalbewegungen zu. Hierbei wiederum konzentrieren wir uns auf die **Finanzkapitalbewegungen**. Sie umfassen Käufe und Verkäufe von Finanzaktiva des jeweils anderen Landes. Darin enthalten sind Devisenkäufe und -verkäufe, soweit es sich bei den Käufern und Verkäufern um private Wirtschaftssubjekte handelt.

Im Hinblick auf die Bestimmungsfaktoren können wir zwischen dem **Zinsarbitragemodell** und **Vermögensmodellen** unterscheiden. Letztere integrieren Kapitalbewegungen in Entscheidungen über das Vermögen als ganzes. Ausgangspunkt sind hier Entscheidungen über den optimalen **Bestand** an Auslandsaktiva. In einem zweiten Schritt werden Kapitalbewegungen als Stromgrößen aus diesen optimalen Beständen abgeleitet. Insofern sind Kapitalbewegungen in Vermögensansätzen eine **abgeleitete Größe**.

Innerhalb der **Vermögensansätze** können wir zwischen Ansätzen unterscheiden, in denen der Anleger im Entscheidungszeitpunkt die Gesamthöhe des Vermögens als Datum betrachtet und solchen Modellen, in denen die Vermögenshöhe ebenfalls Gegenstand der Entscheidungen ist. Erstgenannte Beiträge wollen wir als **Vermögensstrukturmodelle**, letztgenannte als **Vermögensniveaumodelle** bezeichnen.

2.2 Zinsarbitragebedingte Kapitalbewegungen [1)]

Es wird davon ausgegangen, daß Kapitalbewegungen ausschließlich durch eine Differenz zwischen der in- und ausländischen Vermögensrendite bestimmt werden. Wenn keine Änderung des Wechselkurses erwartet wird, entspricht die ausländische Vermögensrendite dem Zinssatz. Ein Kapitalexport setzt dann ein, wenn der aus-

1) Dieser Ansatz wird ausführlich dargestellt und diskutiert in Robert A. Mundell (1968).

ländische den inländischen Zins übersteigt. Zu einem Kapitalimport kommt es im umgekehrten Fall. Das Ausmaß der Kapitalbewegungen wird dabei durch die Enge der **Substitutionsbeziehung** bestimmt. Sind in- und ausländische Anlagen vollständig substitutiv, kann sich auf Dauer keine Zinsdifferenz halten. Vielmehr kommt es gerade durch die zinsarbitragebedingten Kapitalbewegungen zu einem internationalen Zinsausgleich.

2.3 Vermögensstrukturmodelle [1)]

Die Kritik des Vermögensstrukturansatzes an zinsarbitragebedingten Kapitalbewegungen bezieht sich auf die Forderung, daß Kapitalbewegungen nicht losgelöst von Entscheidungen über das gesamte Vermögen bestimmt werden können. Grundlage für die Bestimmung von Kapitalbewegungen sind nun also Entscheidungen über die Strukturierung eines Gesamtvermögens. Ausländische Vermögenstitel stellen eine Anlagemöglichkeit dar. Als weitere Anlagealternativen wollen wir inländische Währung und inländische Wertpapiere berücksichtigen. Wichtig für die Entscheidung ist die Substitutionsbeziehung zwischen in- und ausländischen Wertpapieren. Wir beginnen mit der Annahme, beide Titel seien vollständig substitutiv. Daran anschließend betrachten wir eine unvollständige Substitutionsbeziehung. Wir gelangen dann zu den **Portfolio-Balance-Modellen**.

2.3.1 In- und ausländische Anlagen sind vollständig substitutiv [2)]

Wird der Kapitalverkehr nicht durch gesetzliche Regelungen behindert, kommt es im Falle einer vollständigen Substitutionsbeziehung zwischen in- und ausländischen Aktiva zur Herausbildung eines gemeinsamen Kapitalmarktes, auf dem sich für beide Wertpapiere ein einheitlicher Zinssatz herausbildet. Es gilt also:

(1) $i = i'$

i bezeichnet dabei den in-, i' den ausländischen Nominalzinssatz [3)]. Das Angebot auf dem Weltkapitalmarkt umfaßt die Summe der Wertpapierbestände des In- und Auslandes. Analog erhalten wir die Weltmarktnachfrage aus der Aufsummierung

1) Maßgeblich zu ihrer Entwicklung beigetragen hat P.R. Allen (1973).

2) J.E. Floyd (1969), M.F. Prachowny (1975).

3) Oftmals wird die Zinsidentität auch auf Realzinsen bezogen.

der nationalen Nachfragen. Gehen wir vereinfachend von einem Wertpapier mit einer kurzfristigen Laufzeit aus, folgt im Weltmarktgleichgewicht in inländischen Währungseinheiten:

$$(2) \quad B^{n} + B^{n'}e = B^{dn} + B^{dn'}e$$

$B^{n}(B^{n'})$ beschreibt den inländischen (ausländischen) nominellen Wertpapierbestand, $B^{dn}(B^{dn'})$ die nominelle inländische (ausländische) Wertpapiernachfrage.

Gleichung (2) läßt sich umformen zu:

$$(2a) \quad B^{n} - B^{dn} = B^{dn'}e - B^{n'}e$$

Übersteigt das inländische Wertpapierangebot die inländische Nachfrage, wird die Differenz auf dem Weltmarkt angeboten. Ein flexibler Zinssatz sorgt dafür, daß diesem Weltmarktangebot eine gleich hohe Weltmarktnachfrage gegenübersteht. Sie resultiert daraus, daß im Ausland die Anleger entsprechend mehr Wertpapiere nachfragen, als angeboten werden.

Im folgenden betrachten wir wieder ein **kleines Land**. Hierfür charakteristisch ist, daß jedes inländische Überangebot bzw. jede inländische Übernachfrage zu unverändertem Weltzinssatz vom Ausland absorbiert bzw. gedeckt wird. In **realen** Größen ausgedrückt, erhalten wir:

$$(3) \quad B^{f} = \frac{B^{n}}{P} - B^{d}$$

$B^{f} > 0$ symbolisiert den Realwert von inländischen Wertpapieren in ausländischem Besitz. Er wird bestimmt durch den Realwert des Bestandes an inländischen Wertpapieren und durch die reale inländische Wertpapiernachfrage. In der Regel wird für B^{d} unterstellt:

$$(4) \quad B^{d} = B^{d}\Big(\underset{+}{i}, \underset{-}{Y}, \underset{+}{W}\Big)$$

W bezeichnet dabei den Realwert des Gesamtvermögens.

Kapitalbewegungen nun sind gleichbedeutend mit einer **Änderung von B^{f}**. Hierbei unterscheidet man zwischen One-shot-Kapitalbewegungen und Stromkapitalbewegungen.

One-shot-Kapitalbewegungen sind Ergebnis von **einmaligen** Änderungen des Bestandes an B^{f}. Für sie folgt:

$$(5) \quad dB^f = B_i^d di + B_Y^d dY + B_W^d dW$$

Stromkapitalbewegungen beschreiben dagegen Änderungen von B^f **im Zeitablauf**:

$$(6) \quad \frac{dB^f}{dt} = \dot{B}^f = B_i^d \frac{di}{dt} + B_Y^d \dot{Y} + B_W^d \dot{W}$$

Somit ist nicht das absolute Zinsniveau ausschlaggebend für Kapitalbewegungen, sondern dessen **Änderung**. Ferner wird deutlich, daß Zinssätze nicht die einzige Ursache für Kapitalströme sind. Hinzu kommen Änderungen des Einkommens und des Vermögens.

2.3.2 Portfolio-Balance-Modelle [1)]

Vermögensstrukturmodelle, die eine vollständige Substitutionsbeziehung zwischen In- und Auslandsaktiva unterstellen, gehen in der Regel davon aus, daß entweder vollständige Informiertheit im Hinblick auf die Ertragsentwicklung besteht oder aber die Erwartungen einwertig sind wie in der Liquiditätspräferenztheorie. Im Zentrum der Portfoliotheorie, auf denen die folgenden Ansätze beruhen, steht hingegen die **Unsicherheit** in dem Sinne, daß für jede Anlage das Eintreffen mehrerer Renditen mit bestimmter Wahrscheinlichkeit erwartet wird [2)]. In diesem Fall wird der Anleger für jedes Aktivum aus den für möglich erachteten Renditen einen Durchschnittswert, den **Erwartungswert**, bilden. Dieser Erwartungswert bildet ein Entscheidungskriterium. Der Erwartungswert stellt nun allerdings nur einen rechnerischen Durchschnitt dar, um den die im einzelnen erwarteten Werte streuen. Wenn also der Investor seinen Entscheidungen diesen Erwartungswert zugrunde legt, unterliegt er dem Risiko des Verlustes. Eine wichtige Konsequenz daraus ist, daß der Anleger das **Verlustrisiko** als weitere Entscheidungsgrundlage berücksichtigt. Mit anderen Worten spielt für die optimale Vermögensstruktur nicht nur der Abstand der Renditen unterschiedlicher Anlagen eine Rolle, sondern zugleich das Verhältnis der Risiken.

---

1) P.R. Allen (1973, W.E. Branson (1968), P.J.K. Kouri, M.G. Porter (1974), P.J.K. Kouri (1975), L. Girton, D.W. Henderson (1976).

2) Vgl. zu den Grundlagen der Portfoliotheorie H.J. Jarchow (1979).

Weisen zwei Aktiva **identische Einzelrisiken** auf, wird der Investor sie unter Risikoaspekten als **vollständig substitutiv** erachten. Welche Anlage er wählt, hängt allein von der Renditenhöhe ab. Dabei wird er alles auf eine Karte setzen, d.h. ausschließlich die Anlage mit der höchsten Rendite wählen. In diesem Fall sind die Anlagen vollständig substitutiv.

Sind dagegen die Einzelrisiken **unterschiedlich**, liegt eine **unvollständige Substitutionsbeziehung** vor. Im Rahmen der mikroökonomischen Portfoliotheorie wird gezeigt, daß der Investor unter dem Risikoaspekt nicht sein gesamtes Vermögen in die am höchsten verzinsten Anlagen investiert. Vielmehr mischt er Titel, deren Einzelrisiken nicht identisch sind. Er wählt die Anlagestruktur, deren Kombination aus erwartetem Gesamtertrag und Gesamtrisiko seinen Erwartungsnutzen maximiert. Wichtig für die Bestimmungsfaktoren der optimalen Vermögensstruktur ist dabei die persönliche Risikoneigung. Handelt es sich um einen **risikoscheuen** Investor, so wird er bei gegebenen Einzelrisiken den Anteil eines Aktivums am Vermögen nur ausdehnen, wenn dessen Rendite steigt. Es kommt dann zu Vermögensumstrukturierungen.

Wichtig ist die im Portfolioansatz getroffene Annahme, daß in- und ausländische Anlagen unvollständige Substitute darstellen. Angenommen, als Vermögensanlagen fungieren inländische Währung, in- und ausländische Bonds. Das in- und ausländische Preisniveau setzen wir gleich eins. Dann folgt für das (Real)-Vermögen:

(1) $W = M + B + B'e$

M	=	Geldmenge
B	=	Kurswert inländischer Bonds
$B'e$	=	Kurswert ausländischer Bonds

Im allgemeinen wird von Änderungen des Kurswertes abgesehen. Effektiv- und Couponzins entsprechen sich somit. Für die **gewünschte** Vermögensstruktur folgt:

(2) $W = M^* + B^* + B'^*$

(3) $B^* = B^*\left(\underset{+}{i}, \underset{-}{i'}, \underset{-}{Y}, \underset{+}{W}\right)$

(4) $B'^* = F\left(\underset{-}{i}, \underset{+}{i'} \underset{\underset{0}{-}}{Y}, \underset{+}{W}\right)$

W stellt dabei eine exogene Größe dar. Somit stellt die Gleichung (2) für den Anleger eine Restriktion dar. Hat er über den optimalen Wertpapierbestand entschieden, liegt aufgrund von (2) auch die optimale Kassenhaltung fest.

Die Nachfrage nach Wertpapieren variiert nur dann mit dem Einkommen, wenn Kasse und Wertpapiere auf der Grundlage des Transaktionsmotivs als Substitute betrachtet werden. Dies wird im Hinblick auf Auslandsanlagen nicht immer unterstellt.

Grundlage für Kapitalbewegungen ist eine Divergenz zwischen dem angestrebten und dem tatsächlichen Bestand an Auslandsaktiva. Angenommen wird hierbei, daß die Wirtschaftssubjekte den angestrebten Bestand unverzüglich realisieren wollen. Ferner wird unterstellt, es gelänge stets, die angestrebten Bestände auch zu realisieren, wovon bei festen Wechselkursen ausgegangen werden kann. Dann erhalten wir:

$$(5) \quad B'e \;=\; B^{d'} \;=\; B'^{*}$$

Kapitalbewegungen werden dann durch Änderungen der Nachfrage nach Auslandsaktiva bestimmt. Auch hier können wir wiederum zwischen **One-shot-Kapitalbewegungen** und **Stromkapitalbewegungen** unterscheiden. Für erstgenannte folgt:

$$(6) \quad dB'e \;=\; F_{i'}di' + F_Y dY + F_W dW$$

Stromkapitalbewegungen werden bestimmt durch:

$$(7) \quad \frac{dB'e}{dt} \;=\; F_i\frac{di}{dt} + F_{i'}\frac{di'}{dt} + F_Y\frac{dY}{dt} + F_W\frac{dW}{dt}$$

Eine Ursache für Kapitalbewegungen sind also im Portfolioansatz Vermögensumstrukturierungen, die durch Änderungen der Vermögensrenditen bzw. des Sozialprodukts ausgelöst werden. Eine weitere Ursache sind Änderungen des Gesamtvermögens.

2.4 Vermögensbestandsanpassungsmodelle

Anders als in Vermögensstrukturmodellen wird nun die Vermögenshöhe als Entscheidungsvariable mit berücksichtigt. Die Wirtschaftssubjekte legen das angestrebte Vermögensniveau und die angestrebte Vermögensstruktur **simultan** fest. Hierbei müssen wir zwischen Modellen unterscheiden, die die Zeit in **diskreten Perioden** messen und solchen, die die Zeit **kontinuierlich** messen.

2.4.1 Diskrete Zeitmessung [1)]

Zu Beginn jeder Periode t entscheiden die Wirtschaftssubjekte über das optimale Vermögensniveau, das sie zum Ende der Periode t realisieren wollen (W_t^*). Dieses setzt sich beispielhaft aus inländischer Währung (M_t^*), inländischen Wertpapieren (B_t^*) und ausländischen Wertpapieren (B'^*_t) zusammen. Geplant werden dabei reale Größen. Beispielhaft unterstellen wir zwischen in- und ausländischen Wertpapieren eine **unvollständige** Substitutionsbeziehung.

$$(1) \quad W_t^* = M_t^* + B_t^* + B'^*_t$$

W_t^* wird nun dem tatsächlichen Vermögen gegenübergestellt, das am Anfang von t verfügbar ist. Es entspricht dem Bestand, der am Ende von $t-1$, erreicht wurde.

$$(2) \quad W_{t-1} = M_{t-1} + B_{t-1} + B'_{t-1}e \qquad e_t = e_{t-1} = e_o$$

Hierbei handelt es sich ebenfalls um reale Größen. Zu Anpassungen kommt es dann, wenn angestrebter und tatsächlicher Vermögensbestand divergieren:

$$(3) \quad W_t^* - W_{t-1} = (B_t^* - B_{t-1}) + (B'^*_t - B'_{t-1}e) + (M_t^* - M_{t-1})$$

Eine Diskrepanz zwischen angestrebtem und tatsächlichen Gesamtvermögen wird dabei durch **Sparen bzw. Entsparen** gedeckt. Besteht diese Diskrepanz nicht, spiegelt Gleichung (3) lediglich ein Vermögensstrukturungleichgewicht wider.

Kapitalbewegungen werden durch eine Divergenz zwischen angestrebtem und tatsächlichem Bestand an Auslandsaktiva bestimmt. **Dahinter können sowohl ein Vermögensstrukturungleichgewicht als auch der Wunsch nach Vermögensakkumulation** stehen:

1) H.J. Jarchow (1982).

(4) $FC_t \;=\; \Delta B'_t e \;=\; B'^{*}_t - B'_{t-1}e$

Für die Bestimmungsfaktoren des optimalen Bestandes an Auslandsaktiva wird im allgemeinen unterstellt:

(5) $B'^{*}_t \;=\; F\left(\underset{-}{i_t}, \underset{+}{i'_t}, \underset{+}{Y_t}, \underset{+}{W_{t-1}}\right)$

Einkommenserhöhungen ermöglichen eine höhere Kaufkraft, die nicht nur zur Ausdehnung des Kassenbestandes, sondern auch zu einem höheren angestrebtem Gesamtvermögensniveau Anlaß gibt. Hierauf beruht die positive Korrelation zwischen angestrebtem Bestand an Auslandsanlagen und Einkommen.

2.4.2 Kontinuierliche Zeitmessung [1)]

Wird die Zeit kontinuierlich gemessen, geht die Periodenlänge gegen Null. Für das in jedem Zeitpunkt angestrebte Vermögen gilt:

(1) $W^{*} \;=\; M^{*} + B^{*} + B'^{*}$

Wie im Ansatz zuvor wird das angestrebte dem tatsächlichen Vermögen gegenübergestellt:

(2) $W \;=\; M + B + B'e$

Anders als im Ansatz zuvor, wird nun aber angenommen, das tatsächliche Vermögen würde an das angestrebte Niveau nur allmählich angepaßt. Dies wird mit der Existenz von Transaktionskosten begründet. Ferner wird auf eine Vermögensabhängigkeit der angestrebten Vermögensbestände verzichtet und eine positive Korrelation zwischen dem Einkommen und dem gewünschten Bestand an Auslandsaktiva unterstellt. Für Kapitalbewegungen folgt dann:

(3) $FC \;=\; \alpha(B'^{*} - B'e) \qquad 0 < \alpha < 1$

(4) $B'^{*} \;=\; F\left(\underset{-}{i}, \underset{+}{i'}, \underset{+}{Y}\right)$

α beschreibt dabei die Geschwindigkeit, mit der die Anleger den aktuellen an den angestrebten Bestand anpassen wollen. Kapitalbewegungen existieren in diesem Ansatz nur solange, wie angestrebter und tatsächlicher Bestand an Auslandsaktiva

1) Vgl. J. Niehans (1977).

divergieren. Hierbei kann diese Diskrepanz sowohl Ausdruck eines Vermögensstrukturungleichgewichts als auch des Wunsches nach einem höheren Gesamtvermögens sein.

3 Determination von Zahlungsbilanzsalden und Zahlungsbilanzausgleichsmechanismen

3.1 Strukturelle Ansätze: der Mundell-Fleming-Ansatz [1)]

3.1.1 Modellbeschreibung

Der am weitesten verbreitete strukturelle Ansatz wurde von Mundell und Fleming entwickelt. Es handelt sich hierbei um ein keynesianisches Modell, das um Außenhandel und Kapitalbewegungen ergänzt wird. Letztere werden ausschließlich durch die **Zinsarbitrage** bestimmt. Hinsichtlich des Außenhandels wird eine unvollständige Substitutionsbeziehung zwischen in- und ausländischen Gütern unterstellt. Im einfachsten Fall sind die nationalen Preisniveaus konstant. Es handelt sich um eine Smopec. Für das Modell im einzelnen folgt:

$$(1)\quad Y = C(\underset{+}{Y-T}) + A^{St} + I(i) + TC\left(\underset{-}{Y}, \underset{+}{Y'}, \underset{+}{\tau}\right)$$

Setzen wir die Preisniveaus gleich eins, dann entsprechen realer und nomineller Wechselkurs einander:

$$(2)\quad \tau = e$$

Die Unternehmen passen sich im Rahmen ihrer Produktionsmöglichkeiten mit der Produktion an die Nachfrage an. Insofern handelt es sich bei Gleichung (1) um eine Bestimmungsgleichung für das Sozialprodukt. Bei annahmegemäß festem Wechselkurs führt sie zur IS-Kurve. Wie im Modell der geschlossenen Volkswirtschaft hat sie im (i,Y) -Diagramm eine negative Steigung. Die LM-Kurve beschreibt ein Gleichgewicht auf dem Geldmarkt:

$$(3)\quad M = L\left(\underset{-}{i}, \underset{+}{Y}\right)$$

1) Vgl. J.M. Fleming (1962), R.A. Mundell (1968).

Ihre Lage und Steigung bleibt im Vergleich zur geschlossenen Volkswirtschaft gleich. Hinzu kommt nun die Zahlungsbilanzgleichung:

$$(4)\quad PC = TC(Y, Y', e) - FC\left(\underset{+}{i' - i}\right)$$

PC = Zahlungsbilanz

Zinseinkommen zwischen In- und Ausland bleiben unberücksichtigt. Internes Gleichgewicht wird durch Übereinstimmung von Angebot und Nachfrage sowohl auf dem Geld- als auch auf dem Gütermarkt charakterisiert. Im (i, Y) -Koordinatensystem wird das interne Gleichgewicht durch den Schnittpunkt der LM- mit der IS-Kurve bechrieben.

In einer offenen Volkswirtschaft ist wirtschaftspolitisch nicht nur ein internes, sondern zusätzlich ein externes Gleichgewicht erwünscht. Bei festen Wechselkursen wird dieses durch eine ausgeglichene Zahlungsbilanz beschrieben. Setzen wir in (4) $PC = 0$, so erhalten wir im (i, Y) -Koordinationssystem den geometrischen Ort aller Zins- und Einkommenskombinationen, für die die Zahlungsbilanz ausgeglichen ist. I.a. wird diese Kurve als Z-Kurve bezeichnet. Ihre Steigung erhalten wir, indem wir $PC = 0$ nach i und Y differenzieren:

$$\frac{di}{dy} = -\frac{\partial TC / \partial Y}{\partial FC / \partial (i' - i)} > 0$$

Steigt Y, nimmt die Importnachfrage zu; ceteris paribus entsteht ein Defizit in der Handelsbilanz. Um die Zahlungsbilanz im Gleichgewicht zu halten, ist ein Kapitalimport nötig. Bei konstantem ausländischem Zins erfordert dies einen **Anstieg** des Inlandszinses. Die Z-Kurve weist also **positive** Steigung auf. Obige Gleichung zeigt, daß die Z-Kurve um so **flacher** verläuft, je zinsreagibler die Kapitalbewegungen sind. Im Falle einer geringen Zinsreagibilität zeigt sie hingegen einen steilen Verlauf. Entsprechend sind folgende Konstellationen denkbar:

Abbildung (1a)

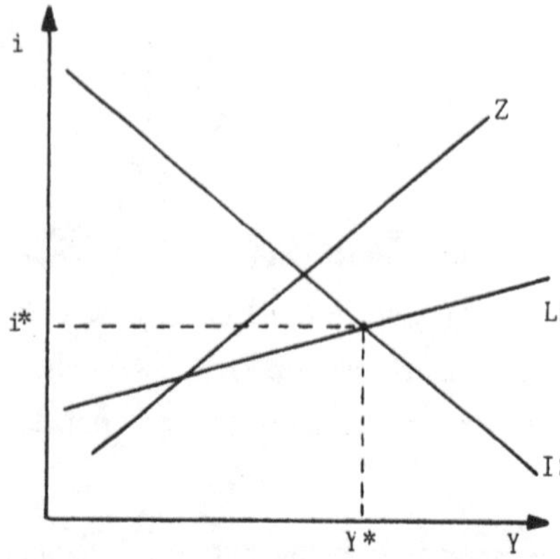

Abbildung (1b)

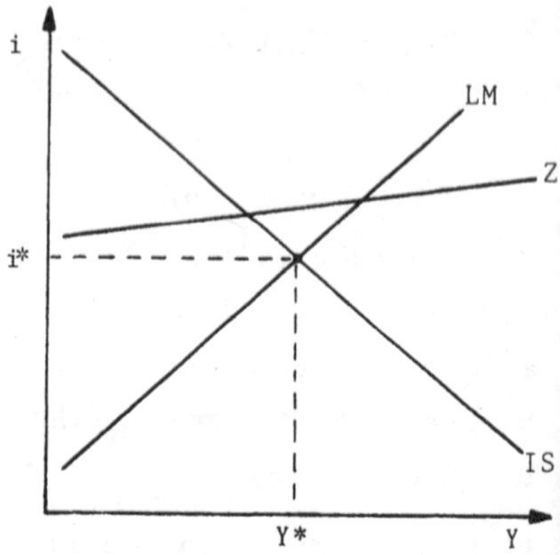

Abbildung (2a)

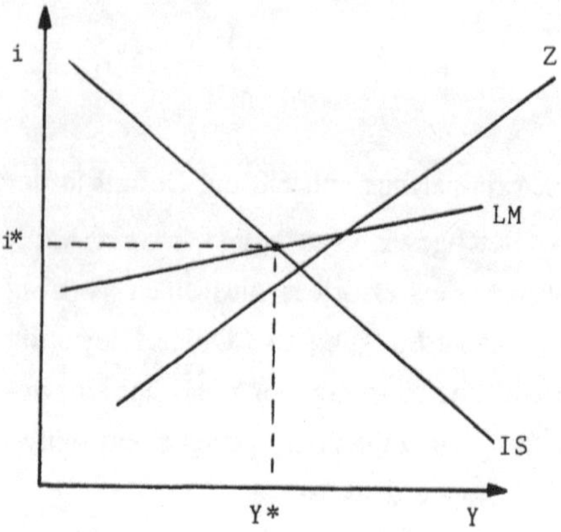

Abbildung (2b)

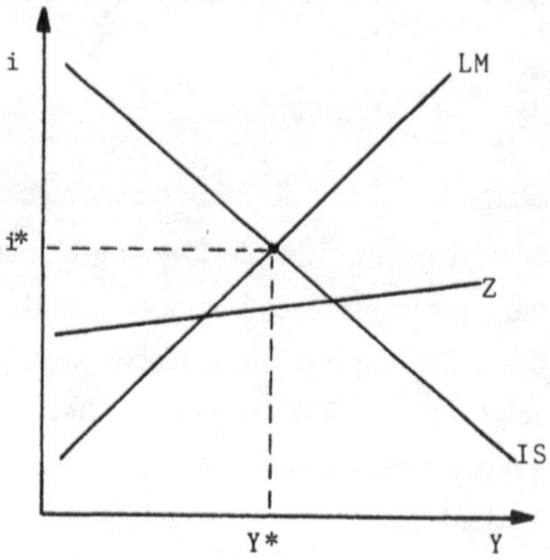

In den Abb. (1a) und (1b) trifft ein IS-LM-Gleichgewicht mit einem Defizit in der Zahlungsbilanz zusammen. Die beiden Abbildungen unterscheiden sich lediglich darin, daß in (a) die LM-Kurve flacher als die Z-Kurve verläuft, während in (b) das Umgekehrte der Fall ist. Je flacher die LM-Kurve verläuft, um so zinselastischer ist die Geldnachfrage. Je flacher die Z-Kurve verläuft, um so zinselastischer sind die Kapitalbewegungen. In (b) sind die Kapitalbewegungen offensichtlich zinselastischer als die Geldnachfrage. Diese Situation wollen wir als den Fall **hoher Kapitalmobilität** kennzeichnen. Entsprechend zeigt dann (1a) eine **niedrige Kapitalmobilität**.

In Abb. (2a) und (2b) tifft ein IS-LM-Gleichgewicht mit einem Überschuß in der Zahlungsbilanz zusammen. Wieder wird zwischen hoher und niedriger Kapitalmobilität unterschieden.

Wir wollen nun untersuchen, ob es Möglichkeiten gibt, ein internes **und** externes Gleichgewicht herzustellen. Hierbei haben wir zwischen **automatischen Anpassungsmechanismen** und **wirtschaftspolitischen Maßnahmen** zu unterscheiden.

3.1.2 Der Zahlungsbilanzanpassungsmechanismus

Ein Zahlungsbilanzüberschuß z. B. bedeutet, daß einem Überschuß in der Leistungsbilanz kein entsprechender Kapitalexport gegenübersteht. In diesem Fall möchte das Inland einen Teil der im Ausland erzielten Nettoeinnahmen in inländische Währung umtauschen. Damit verbunden ist ein **Überangebot an Devisen**. Entsprechend induziert ein Zahlungsbilanzdefizit eine Übernachfrage nach Devisen.

Kehren wir zum Beispiel des Zahlungsbilanzüberschusses zurück. Im Falle eines Überschusses werden mehr Devisen angeboten als nachgefragt. Um den Wechselkurs zu stabilisieren, wird die Zentralbank die überschüssigen Devisen aufkaufen. Als Gegenleistung erhalten die Wirtschaftssubjekte inländische Währungseinheiten. **Damit aber ist die Geldmenge gestiegen**. Solange die Ursachen für den Zahlungsbilanzüberschuß nicht beseitigt sind, wird die Zentralbank Devisen aufkaufen. M.a.W. ist ein Zahlungsbilanzüberschuß mit einer im Zeitablauf steigenden Geldmenge verbunden, ein Defizit demnach mit einer im Zeitablauf sinkenden Geldmenge.

$$(5) \quad PC = \frac{dM}{dt}$$

Verändert sich aber die Geldmenge im Zeitablauf, verändert sich auch die Lage der LM-Kurve: Im Falle eines Zahlungsbilanzüberschusses verschiebt sie sich nach rechts, im Falle eines Defizits nach links, und zwar solange, bis das Ungleichgewicht abgebaut ist. Wie ist der Anpassungsprozeß zu erklären?

Angenommen, die Zahlungsbilanz weise einen **Überschuß** auf. Dadurch steigt die Geldmenge. Damit verbunden ist ein Überangebot an Geld, der Zinssatz sinkt. Infolgedessen setzt ein Kapitalexport ein. Dieser Kapitalexport ist eine Ursache dafür, daß der Zahlungsbilanzüberschuß vermindert wird. Eine weitere Ursache liegt darin begründet, daß mit rückläufigem Zins *Y* steigt. Damit verbunden ist eine steigende Inportnachfrage. Der Zahlungsbilanzanpassungsprozeß vollzieht sich somit über sinkende Zinsen und ein steigendes Sozialprodukt. Je mobiler das Kapital ist, um so geringer müssen die Zinssenkungen und begleitenden Einkommenssteigerungen sein, um ein außenwirtschaftliches Gleichgewicht herzustellen. **Kapitalbewegungen unterstützen also den Anpassungsprozeß.**

Abbildung (3a)

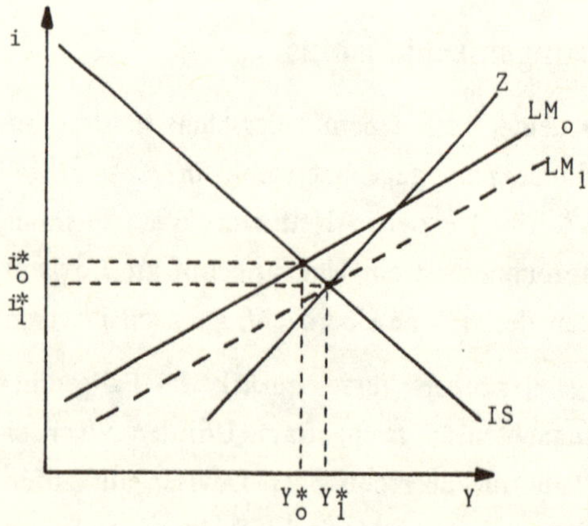

Abbildung (3b)

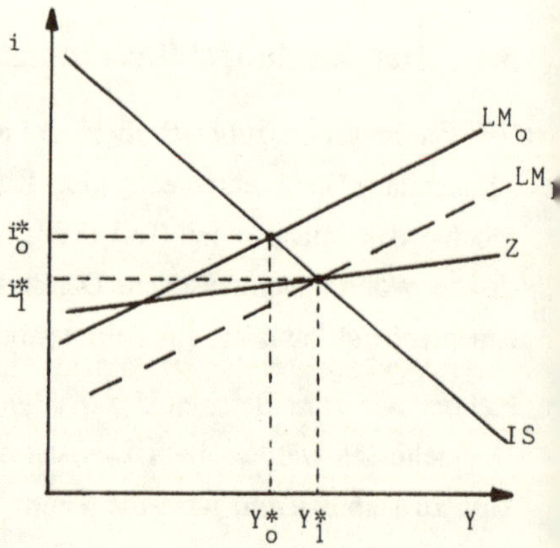

Wie obige Graphiken zeigen, tritt schließlich eine Situation ein, in der sowohl ein IS-LM- als auch ein Zahlungsbilanzgleichgewicht erreicht wird. Im Falle eines anfänglichen Defizits in der Zahlungsbilanz kommt es zu einer Linksverschiebung der LM-Kurve.

Auslöser für einen automatischen Zahlungsbilanzanpassungsprozeß sind somit die mit einem Zahlungsbilanzungleichgewicht verbundenen Änderungen der Geldmenge. Bei festen Preisen wirken als Anpassungsmechanimen der Zins und das Einkommen. Man spricht in diesem Zusammenhang vom **Zins-**

Einkommensmechanismus. Würde in der Volkswirtschaft Vollbeschäftigung herrschen, hätte z. B. eine Geldmengenerhöhung infolge eines Überschusses in der Zahlungsbilanz einen Preisanstieg zur Folge. Die Folge wäre eine Verschlechterung der inländischen Wettbewerbsfähigkeit. Ist die Marshall-Lerner-Bedingung [1] erfüllt, kommt es über den **Geldmengen-Preis-Mechanismus** zu $PC = 0$.

3.1.3 Wirtschaftspolitische Maßnahmen zum Ausgleich der Zahlungsbilanz

Grundsätzlich existiert also ein automatischer Mechanismus im Mundell-Fleming-Modell, der eine simultane Realisierung des IS-LM-Gleichgewicht und des außenwirtschaftlichen Gleichgewichts ermöglicht. Allerdings ist zu berücksichtigen, daß dieser Prozeß Zeit beansprucht. Noch schwerer wiegt das Folgende: Ein IS-LM-Gleichgewicht beschreibt nicht notwendigerweise eine wirtschaftspolitisch erwünschte Situation. Denkbar ist z.B., daß das Sozialprodukt zu klein ist, um Vollbeschäftigung zu sichern. Berücksichtigt man ferner die Möglichkeit von Preisänderungen, so ist denkbar, daß ab einer bestimmten Höhe der gesamtwirtschaftlichen Nachfrage sich bereits sektoral "bottlenecks" bemerkbar machen, die das Preisniveau erhöhen. Es ist durchaus denkbar, daß ein IS-LM-Gleichgewicht in solch eine Situation fällt. Es kann somit sein, daß der automatische Zahlungsbilanzanpassungsprozeß zu einem IS-LM-Gleichgewicht führt, das entweder mit Unterbeschäftigung oder aber mit Inflation verbunden ist. Dies ist insbesondere dann zu erwarten, wenn im Ausgangszustand bei einem Ungleichgewicht der Zahlungsbilanz Vollbeschäftigung und Preisstabilität geherrscht haben. Wir wollen deshalb im folgenden analysieren, ob es nicht wirtschaftspolitische Eingriffsmöglichkeiten gibt, die ein Zahlungsbilanzgleichgewicht realisieren, ohne das gesamtwirtschaftliche Gleichgewicht zu gefährden.

Wir unterstellen, die Volkswirtschaft befinde sich in einem IS-LM-Gleichgewicht bei Vollbeschäftigung und Preisstabilität. Die Zahlungsbilanz weise ein Defizit auf.

1) Vgl. II. 1.2.

Abbildung (4a)

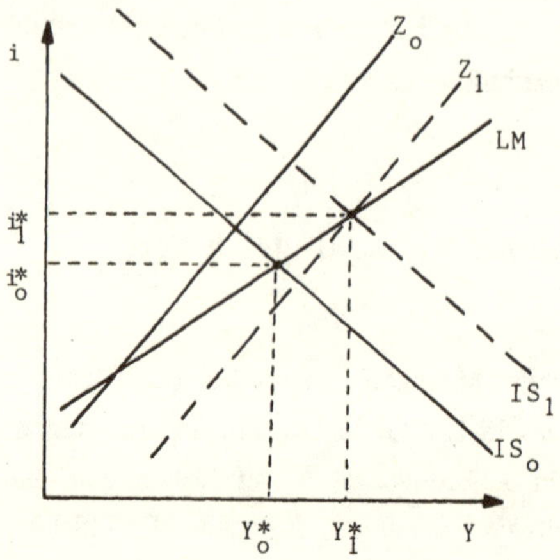

Abbildung (4b)

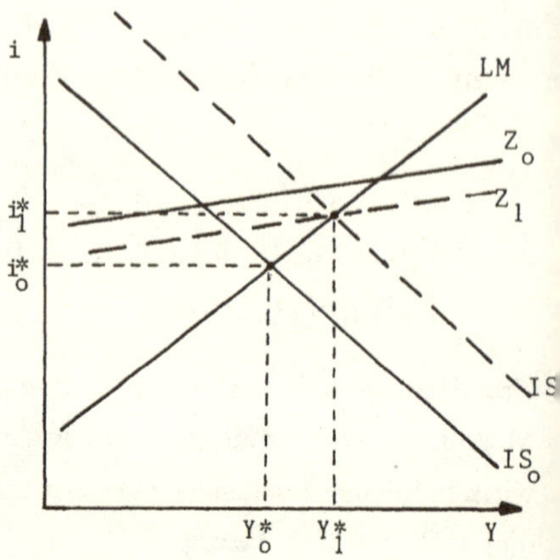

Wir beginnen mit einer **Abwertung**. Hierdurch verschiebt sich die IS-Kurve nach rechts. Bei einem höheren Einkommen wird ein neues internes Gleichgewicht erreicht. Bei niedriger Kapitalmobilität, würde die Zahlungsbilanz allerdings noch in ein größeres Defizit rutschen (vgl. Abb. (4a). Bei unveränderter Lage der Z-Kurve wird nämlich die Reaktion der Zahlungsbilanz allein durch Änderungen des Einkommens und des Zinssatzes bestimmt. Das Einkommen steigt infolge der Abwertung. Damit verbunden ist eine Vergrößerung des Defizits in der Zahlungsbilanz. Das höhere Einkommen bewirkt allerdings auch einen Zinsanstieg, wodurch Kapital ins Inland gelockt wird. Damit verbunden ist ein Abbau des Zahlungsbilanzdefizits. Bei geringer Kapitalmobilität dominiert dieser Effekt nicht. Nun verschiebt sich auch die Z-Kurve, und zwar nach unten: Infolge der abwertungsbedingten Erhöhung der Exportnachfrage ist bei alternativen Einkommensniveaus nur noch ein geringerer Zinssatz notwendig, um die Zahlungsbilanz auszugleichen. Bei entsprechender Wahl des Abwertungssatzes können somit simultan ein externes und ein IS-LM-Gleichgewicht erreicht werden. Allerdings würde dies ein Sozialprodukt bedeuten, das über dem Vollbeschäftigungsniveau liegt. Beschreibt Y^* bereits die maximale Produktion, ist Y_1 nicht realisierbar. Die Abwertung hätte dann lediglich Inflation zur Folge.

Bei hoher Kapitalmobilität (4b) wird sich die Zahlungsbilanz auch bei unveränderter Lage der Z-Kurve verbessern. Dies wird durch die Verschiebung der Z-Kurve nach unten unterstützt. In Abb. (4b) wird durch Kombination der IS- und Z-Kurvenverschiebung wiederum eine Situation erreicht, in der Zahlungsbilanzgleichgewicht und Inflation zusammentreffen. Denkbar ist aber auch die Kombination von Zahlungsbilanzüberschuß und Inflation. Dies ist dann der Fall, wenn bereits durch die Verschiebung der IS-Kurve Zahlungsbilanzgleichgewicht erreicht würde (Abb. 5).

Abbildung (5)

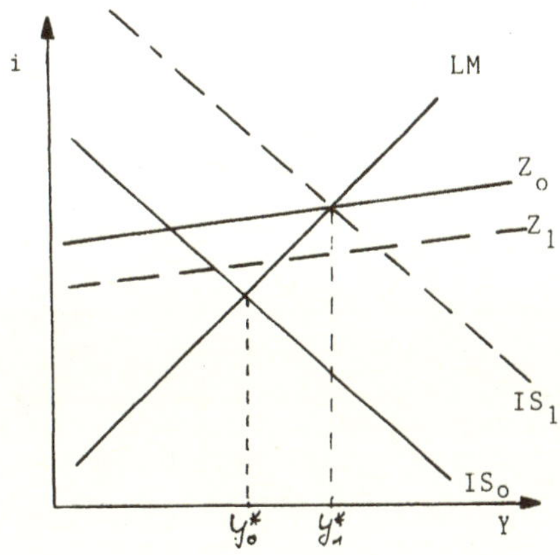

Allerdings widerspricht es der Intention eines Fest-Kurs-Systems, das Instrument der Ab- oder Aufwertung regelmäßig einzusetzen, um einen Zahlungsbilanzausgleich herbeizuführen.

Betrachten wir nun **geldpolitische** Maßnahmen. Denkbar wäre eine **Senkung** der Geldmenge. Die Folge ist ein höherer Zins, der Kapitalimporte ins Land lockt. Begleitend sinkt auch Y. Wieder kommt es zu einem Zielkonflikt zwischen internem und externem Gleichgewicht.

Wie die **Fiskalpolitik** handeln muß, um ein Zahlungsbilanzgleichgewicht herzustellen, hängt von der Kapitalmobilität ab: Eine expansive Fiskalpolitik z.B. induziert sowohl einen Einkommens- als auch einen Zinsanstieg. Ersterer erhöht ein bestehendes Zahlungsbilanzdefizit; ein Zinsanstieg hingegen senkt via Kapitalimporte ein Defizit. Im Falle einer hohen Kapitalmobilität dominiert dominiert der Zinseffekt. Die Folge ist allerdings ein inflationäres Potential. Im Falle niedriger Kapitalmobilität ist dann eine **kontraktive** Fiskalpolitik notwendig, um *PC* auszugleichen. Es kommt dann zu einem Zielkonflikt zwischen externem Gleichgewicht und Vollbeschäftigung.

Durch ein einziges wirtschaftspolitisches Instrument können somit nicht die beiden Ziele des in- und externen Gleichgewichts gleichzeitig erreicht werden. Mundell und Fleming schlugen aus diesem Grunde eine Kombination vor. Nehmen wir einmal das Beispiel eines Vollbeschäftigungsgleichgewichts bei **Zahlungsbilanzdefizit** und **hoher Kapitalmobilität** (6a):

Abbildung (6a)

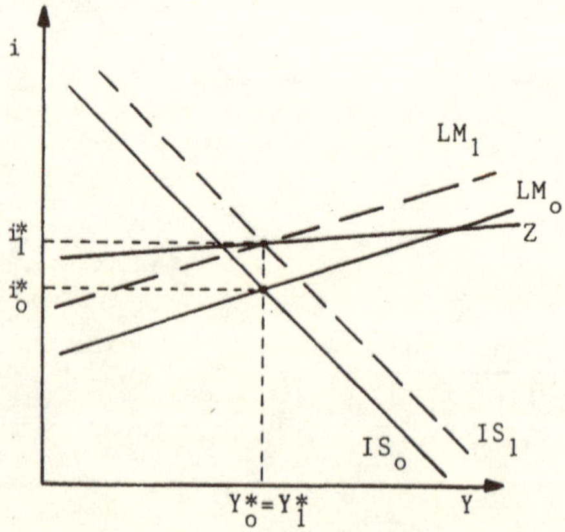

Abbildung (6b)

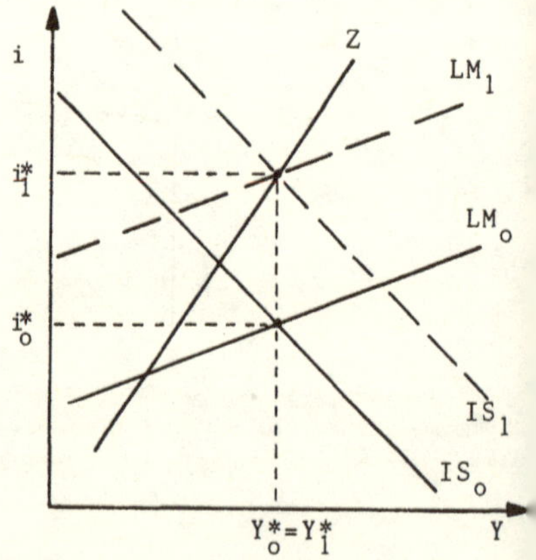

Ein Vollbeschäftigungsgleichgewicht kann offensichtlich nur dann mit Zahlungsbilanzgleichgewicht kombiniert werden, wenn die LM-Kurve nach links und die IS-Kurve nach rechts verschoben wird. Kombiniert werden somit eine **kontraktive** Geld- und eine **expansive** Fiskalpolitik. Dieselbe Politikkombination ist bei niedriger Kapitalmobilität notwendig (6b). Allerdings ist hier die Geldpolitik voll auf das externe und die Fiskalpolitik voll auf das interne Gleichgewicht gerichtet.

Zusammenfassend können wir festhalten:

- **Im Mundell-Fleming-Modell ist ganz kurzfristig ein IS-LM-Gleichgewicht mit einem Zahlungsbilanzungleichgewicht vereinbar.**
- **Mit einer unausgeglichenen Zahlungsbilanz sind Devisenmarktinterventionen verbunden, welche die Geldmenge allmählich ändern. Über den Geldmengen-Zins-Einkommens-(Preis)-Mechanismus kommt ein automatischer Zahlungsbilanzanpassungsprozeß zustande.**
- **Ebenso sind geld- und fiskalpolitische Maßnahmen zum Ausgleich der Zahlungsbilanz denkbar. Um ein Defizit (Überschuß) abzubauen, ist eine kontraktive (expansive) Geldpolitik nötig. Die Richtung fiskalpolitischer Maßnahmen hängt von der Kapitalmobilität ab.**
- **Eine gewünschte Zahlungsbilanzanpassung kann zu einem Zielkonflikt zwischen Vollbeschäftigung (Preisstabilität) und externem Gleichgewicht führen. Dies kann durch einen kombinierten Einsatz von Geld- und Fiskalpolitik vermieden werden.**

3.2 Kontinuierliche Strom-Bestands-Modelle der Zahlungsbilanz [1)]

3.2.1 Gemeinsame Grundlagen

Strom-Bestands-Modelle legen üblicherweise eine **kontinuierliche** Zeitmessung zugrunde. Die kleinste betrachtete Zeiteinheit ist dann ein Zeitpunkt. Die Modelle basieren überwiegend auf dem IS-LM-Schema, das auch dem vorangehend dargestellten Mundell-Fleming-Modell zugrunde liegt. Ebenso wie dort wird dem Sachverhalt Rechnung getragen, daß Geldmengenänderungen im Zeitablauf die LM-Kurve verschieben. Hierbei zeigte das Mundell-Fleming-Modell, daß in Ungleichgewichten der Zahlungsbilanz eine Ursache für Geldmengenänderungen besteht. Die Zahlungsbilanz ist eine Stromgröße, bestimmt durch Waren- und Wertpapierkäufe bzw. -verkäufe und durch grenzüberschreitende Einkommenszahlungen.

Faktisch wird im Mundell-Fleming-Modell angedeutet, daß Entscheidungen über Stromgrößen die Vermögenshöhe verändern können. Dieser Zusammenhang wird von Strom-Bestandsansätzen aufgegriffen, erweitert und vertieft.

1) Vgl. M.F.J. Prachowny (1975), W.H. Branson (1968), R.S. Boyer (1977), R. Dornbusch (1975).

Ausgangspunkt ist ein IS-Gleichgewicht, das mit $I = S$ durch eine Übereinstimmung von gewünschter und tatsächlicher Vermögensakkumulation gekennzeichnet ist. Im Gütermarktgleichgewicht wird somit die **Änderung des Gesamtvermögens** bestimmt. Modelle offener Volkswirtschaften berücksichtigen als Vermögensanlagen neben inländischer Währung und inländischen Wertpapieren ausländische Anlagealternativen. Vereinfachend gehen wir davon aus, diese umfaßten lediglich ausländische Staatsschuldtitel. Ferner unterstellen wir, Ausländer würden keine inländischen Aktiva nachfragen. Schließlich sollen inländische Wertpapiere lediglich Staatsschuldtitel umfassen. Im einfachsten Fall wird ferner von einem konstanten Preisniveau ausgegangen. Dann folgt für die Vermögensgleichung:

$$(1) \quad W = M + B^H + B'e \qquad e = e_0$$

B^H ist dabei der Bestand an inländischen Staatsschuldtiteln im Besitz der Haushalte. $B'e$ symbolisiert den Realwert ausländischer Staatsschuldtitel in inländischem Besitz. Wir folgen der in außenwirtschaftlichen Modellen gängigen Annahme, bei den Papieren handle es sich um kurzfristige Titel, so daß der Einfluß der Kursentwicklung auf den Realwert des Wertpapiervermögens vernachlässigt werden kann. Geldschöpfung vollziehe sich durch den Erwerb von inländischen Staatsschuldtiteln (B^Z) und aufgrund von Devisenzuflüssen aus dem Ausland (Re) :

$$(2) \quad M = B^Z + Re$$

Für B^H folgt somit:

$$(3) \quad B^H = B - B^Z$$

Unter Berücksichtigung von (2) und (3), können wir für das Vermögen schreiben:

$$(1a) \quad W = Re + B + B'e$$

Gütermarktgleichgewicht führt zu:

$$(4) \quad S = I + BD + CC$$

S = reale Ersparnis
I = reale Investition
BD = Budgetdefizit (real)
CC = Leistungsbilanzsaldo (real)

Die rechte Seite der obigen Gleichung beschreibt die (angebotene) Vermögensänderung, die dadurch zustande kommt, daß es Elemente der Güternachfrage gibt, die nicht durch das Einkommen finanziert werden. Wird ein Ungleichgewicht der Leistungsbilanz nicht durch entsprechende Kapitalbewegungen kompensiert, entsteht ein Zahlungsbilanzungleichgewicht. Somit folgt anstelle von (4):

$$(5) \quad S = I + BD + FC + PC$$

$FC > 0$ symbolisiert wiederum einen Netto-Kapitalexport, $PC > 0$ einen Überschuß in der Zahlungsbilanz. Änderungen des Vermögens werden also nicht allein durch einen Saldo in der Zahlungsbilanz induziert. Eine Rolle spielt ferner eine unausgeglichene Kapitalbilanz. Im Mundell-Fleming-Modell gehen hingegen von Kapitalbewegugen keine dynamischen Effekte aus. Eine Beziehung zwischen Kapitalbewegungen und dem Vermögen fehlt dort.

Eine weitere Ursache für Vermögensänderungen im Zeitablauf sind staatliche Budgetdefizite und Investitionen.

Eine zusätzliche Änderung erfährt das IS-LM-Modell dadurch, daß das Vermögen als Argument sowohl in die Vermögensnachfrage- als auch in die Konsumfunktion aufgenommen wird. Speziell hierdurch werden Strom-Bestands-Zusammenhänge zwischen dem monetären und dem realen Sektor vertieft.

Im Hinblick auf die Bestimmungsfaktoren von **Kapitalbewegungen** wird auf die in Abschnitt (2.3) beschriebenen Ansätze zurückgegriffen. Ausgangspunkt sind also **Bestandsnachfragen** als Ergebnis von Entscheidungen über die optimale Vermögensstruktur. Unterschieden wird wiederum zwischen einer vollständigen und einer unvollständigen Substitutionsbeziehung.

Bei der Modellierung dieser Ansätze gehen wir von den folgenden vereinfachenden Annahmen aus:

1. Bei der betrachteten Volkswirtschaft handelt es sich um ein **kleines Land** (Smopec).
2. Es wird nicht in Sachkapital investiert, eine in vielen außenwirtschaftlichen Modellen gängige Annahme.
3. Das Preisniveau ist konstant. Wir befinden uns in einer "keynesianischen Welt".
4. Geldmengenänderungen im Zeitablauf werden allein durch Salden in der Zahlungsbilanz bestimmt.

3.2.2 Ein Strom-Bestands-Modell bei vollständiger Substitutivität in- und ausländischer Anlagen [1]

3.2.2.1 Das Grundmodell

In jedem Augenblick entscheiden die privaten Haushalte über die Struktur des ihnen der Höhe nach im Entscheidungszeitpunkt vorgegebenen Vermögens. Anlagealternativen sind inländische Währung, ferner in- und ausländische Staatsschuldtitel, die vollständig substitutiv sind. Arbitragebewegungen sorgen dafür, daß in- und ausländischer Zinssatz stets übereinstimmen. Letzterer ist für die Smopec ein Datum. Zum gegebenen Weltzinssatz i' kann sie jede Wertpapiernachfrage auf dem Weltkapitalmarkt decken. Umgekehrt wird jedes inländische Überangebot durch ausländische Anleger absorbiert. Für die Vermögensrestriktion folgt:

$$(1) \quad W = M + B^H - B^f$$

B^H ist der Anteil an inländischen Wertpapieren im Besitz der inländischen Haushalte. $B^f > 0$ stellt den Anteil an inländischen Wertpapieren dar, den Ausländer halten. Ist $B^f < 0$, halten Inländer ausländische Wertpapiere. Für die Geldmenge folgt wiederum:

$$(2) \quad M = B^Z + Re$$

$$(3) \quad B^H = B - B^Z$$

Geldschöpfung vollzieht sich einmal über Offenmarktpolitik und zum anderen aufgrund von Devisenzuflüssen. B^Z umfaßt den Bestand an Staatsschuldtiteln im Portefeuille der Zentralbank - ihre Manövriermasse für offenmarktpolitische Maßnahmen. Für die Vermögensrestriktion folgt somit:

$$(1a) \quad W = Re + B - B^f$$

Die Haushalte streben eine Vermögensstruktur an, die durch den Zinssatz und das Einkommen Y bestimmt wird. Da in- und ausländische Wertpapiere vollständig substitutiv sind und in- und ausländischer Zins übereinstimmen, verhalten sich die Haushalte indifferent bezüglich der Strukturierung zwischen In- und Auslandsaktiva. Die Vermögensstrukturentscheidung ist somit analog zur geschlossenen Volkswirtschaft eine Entscheidung zwischen Kasse und Wertpapieren, die auf der Grundlage

1) M.F.J. Prachowny (1975) geht ebenfalls von einer vollständigen Substitutionsbeziehung aus.

des Transaktions- und Spekulationsmotivs gefällt wird. In Anlehnung an die Portfoliotheorie wird das Vermögen als Argument in die Vermögensnachfragefunktionen aufgenommen:

$$(4) \quad M^d = L\Big(\underset{-}{i'}, \underset{+}{Y}, \underset{+}{W}\Big)$$

$$(5) \quad B^d = B^d\Big(\underset{+}{i'}, \underset{-}{Y}, \underset{+}{W}\Big)$$

B^d = Nachfrage nach Wertpapieren

Gleichgewicht im monetären Sektor impliziert:

$$(6) \quad M = M^d$$

$$(7) \quad B^f = B - B^Z - B^d$$

Aufgrund der Vermögensrestriktion verhalten sich Geld- und Wertpapiermarkt wiederum spiegelbildlich. Ein Gleichgewicht auf beiden Märkten wird aber nun nicht wie im Mundell-Fleming-Modell durch den Zinssatz, sondern durch B^f herbeigeführt. Herrscht z. B. auf dem Wertpapiermarkt ein Überangebot, dem eine Übernachfrage nach Geld entspricht, dann wird zum unveränderten Weltzinssatz der Teil inländischer Aktiva, der nicht durch Inländer nachgefragt wird, von Ausländern absorbiert.

Aufgrund der Vermögensrestriktion ist eine Gleichgewichtsbedingung redundant. Aus didaktischen Gründen entscheiden wir uns - abweichend vom Mundell-Fleming-Modell - für den Geldmarkt.

Gütermarktgleichgewicht führt zu:

$$(8) \quad Y = C\Big(\underset{+}{Y^V}, \underset{+}{W}\Big) + A^{StG} + TC\Big(\underset{-}{Y}, \underset{+}{Y'}, \underset{+}{e}\Big)$$

A^{StG} = Staatsausgaben für Güter

Hierbei gehen wir von konstanten Preisen aus. Y^V ist das verfügbare Einkommen der Haushalte.

Dafür folgt:

$$(9)\quad Y^V = Y + (B - B^Z - B^f)i' - T$$

$$(10)\quad T = t[Y + (B - B^Z - B^f)i']$$

Im Unterschied zum vorangehenden Mundell-Fleming-Modell berücksichtigen wir also, daß das verfügbare Einkommen durch die Zinsen auf Staatsschuldtitel im Besitz der Haushalte beeinflußt wird. Dies auch deshalb, da Bestandsänderungen nun im Gegensatz zum Mundell-Fleming-Modell eine wichtige Rolle spielen.

Im Mundell-Fleming-Modell war ferner darauf verzichtet worden, die Finanzierungseffekte staatlicher Budgetdefizite zu untersuchen. Hingegen wird dem **Zusammenspiel von Staatsschuldenwachstum und Devisenänderungen** in Strom-Bestands-Modellen eine besondere Aufmerksamkeit gewidmet. Für die staatliche Budgetrestriktion folgt:

$$(11)\quad BD = A^{StG} + (B - B^Z)i' - t[Y + (B - B^Z - B^f)i']$$

Zu den Staatsausgaben für Güter und Dienste (A^{StG}) kommen nun Zinszahlungen auf die Staatsschuld. Sie sind zu leisten für diejenigen Staatsschuldtitel, die sich im Besitz der in- und ausländischen **privaten** Wirtschaftssubjekte befinden. Ein Teil davon erhält der Staat im Rahmen der Einkommensteuer zurück. Hierbei ist das Folgende zu berücksichtigen: Ist $B^f > 0$, dann befindet sich ein Teil der inländischen Staatsschuldtitel im ausländischen Besitz. Die Ausländer werden jedoch in ihrem Heimatland zur Steuer veranlagt. Ist $B^f < 0$, halten Inländer zusätzlich ausländische Staatsschuldtitel. Sie werfen Zinseinkommen ab, die der **inländische** Staat besteuert.

Wir wollen annehmen, daß der Staat das Budgetdefizit ausschließlich durch Emission festverzinslicher Wertpapiere finanziert:

$$(12)\quad \dot{B} = BD \quad ; \quad \dot{B} \equiv \frac{dB}{dt}$$

Ferner unterstellen wir, die mit zunehmendem Staatsschuldenstand steigenden Netto-Zinseinkommen würden nicht durch eine weitere Wertpapieremission finanziert, sondern durch Verminderung der Staatsausgaben für Güter und Dienste, so daß das Volumen der Gesamtausgaben des Staates konstant bleibt.

$$(13)\quad \overline{A}^{St} = A^{StG} + (1-t)(B - B^Z)i' + tB^f i'$$

Dann können wir für die staatliche Budgetrestriktion schreiben:

(12a) $\dot{B} = \overline{A}^{St} - tY$

Der Saldo der Zahlungsbilanz wird bestimmt durch:

(14) $PC = TC\left(\underset{-}{Y}, \underset{+}{Y'}, \underset{+}{e}\right) - B^f i' - FC$

FC = Kapitalexport

(15) $FC = -\dot{B}^f$ [1)]

Um die Bestimmungsfaktoren der Zahlungsbilanz und des Zahlungsbilanzanpassungsprozesses im Rahmen dieses Ansatzes zu erläutern, gehen wir schrittweise vor: Im nächsten Abschnitt vernachlässigen wir die Finanzierungswirkungen staatlicher Budgetdefizite. B weist dann im Zeitablauf keine Änderung mehr auf. Ferner unterstellen wir eine Übereinstimmung von Staatsausgaben für Güter und Dienste und den gesamten öffentlichen Ausgaben.

3.2.2.2 Vernachlässigung von staatlichen Budgetdefiziten

3.2.2.2.1 Das Grundmodell

Für das Modell folgt nun:

(1) $B^f = B - B^Z - B^d\left(\underset{+}{i'}, \underset{-}{Y}, \underset{+}{W}\right)$

(2) $W = Re + B - B^f$

(3) $Y = C\left(\underset{+}{Y}, \underset{-}{t}, \underset{+}{W}\right) + A^{St} + TC\left(\underset{-}{Y}, \underset{+}{Y'}, \underset{+}{e}\right)$

(4) $PC = \dot{R}e = TC(Y, Y', e) - B^f i' + \dot{B}^f$

Kapitalbewegungen beschreiben eine Änderung des Bestandes an Auslandsaktiva der Inländer bzw. eine Änderung des Bestandes an inländischen Titeln im Besitz der Ausländer. Für die Zahlungsbilanz relevant sind dabei Änderungen **im Zeitablauf**. Ihre Bestimmungsfaktoren können ermittelt werden, indem Gleichung (1)

1) $B^f > 0$ ist der Anteil der Ausländer am inländischen Wertpapierbestand. Steigt er, handelt es sich um einen Kapitalimport ($-FC$).

nach der Zeit differenziert wird. Gehen wir von einem im Zeitablauf konstanten Staatsschuldenstand und ferner von einem konstanten Wertpapierbestand der Zentralbank aus, erhalten wir:

$$(5)\quad \dot{B}^f = -B_Y^d\dot{Y} - B_W^d e\dot{R} + B_W^d\dot{B}^f$$

$$(5a)\quad \dot{B}^f = \frac{-1}{1-B_W^d}[B_Y^d\dot{Y} + B_W^d e\dot{R}]$$

Entscheidend für Kapitalbewegungen sind somit Änderungen des Sozialprodukts im Zeitablauf und Änderungen der Devisenreserven. Letztere sind Ergebnis einer unausgeglichenen Zahlungsbilanz. Aber auch Änderungen des Sozialprodukts kommen bei annahmegemäß konstantem B, B^Z und B^f, ferner t und i' nur zustande, wenn sich die Devisenreserven im Zeitablauf ändern. Für die Gleichung (3) kann nämlich geschrieben werden:

$$(3a)\quad Y = Y\Big(\underset{+}{B} - \underset{-}{B^Z}, \underset{+}{B^f}, \underset{-}{Re}, \underset{+}{t}, \underset{+}{A^{St}}, \underset{+}{Y'}, e\Big)$$

Differentiation nach der Zeit führt zu:

$$(6)\quad \dot{Y} = \frac{\partial Y}{\partial Re}\dot{R}e + \frac{\partial Y}{\partial B^f}\dot{B}^f$$

Somit sind Kapitalbewegungen in diesem Ansatz untrennbar mit einer unausgeglichenen Zahlungsbilanz verbunden. Ist m.a.W. die Zahlungsbilanz ausgeglichen, gilt dies auch für die Kapitalbilanz. Ein Ungleichgewicht in der Handelsbilanz ist dann nur möglich, wenn grenzüberschreitende Zinszahlungen existieren.

In **jedem betrachteten Zeitpunkt** wird in kontinuierlichen Modellen die Vermögensänderung gleich Null gesetzt. Die Gleichungen (1) - (3a) bestimmen dann B^f und Y als Variablen in Abhängigkeit von B, B^Z, t, Y', e, A^{St} und Re .

Zur Vereinfachung unterstellen wir im folgenden $B^f > 0$. Gleichung (1) kann als BB-Kurve in einem (B^f, Y) -Koordinatensystem abgebildet werden. Steigt Y , nimmt B^d ab, B^f steigt entsprechend. Die BB-Kurve weist also eine **positive** Steigung auf. Sie verschiebt sich nach links, wenn B steigt oder B^Z zurückgeht. Sie verschiebt sich auch nach links, wenn die Devisenreserven **sinken** oder eine Aufwertung erfolgt. Eine Rechtsverschiebung liegt demzufolge vor, wenn B^Z steigt, die Devisenreserven zunehmen oder eine Abwertung erfolgt oder B sinkt.

Gleichung (3a) können wir als YY-Kurve in einem (B^f, Y) -Koordinatensystem einzeichnen. Steigt B^f , sinkt die Konsumnachfrage aufgrund des niedrigeren Vermögen, Y geht zurück. Die YY-Kurve hat also eine **negative** Steigung. Sie verschiebt sich nach rechts, wenn B oder A^{St} steigen, bzw. t fällt. Sie verschiebt sich ferner nach rechts, wenn die Devisenreserven oder Y' steigen. Eine Rechtsverschiebung ist schließlich auch als Folge einer Abwertung zu erwarten [1].

Gleichgewicht auf dem Geld- und Gütermarkt liegt im Schnittpunkt beider Kurven.

Abbildung (7)

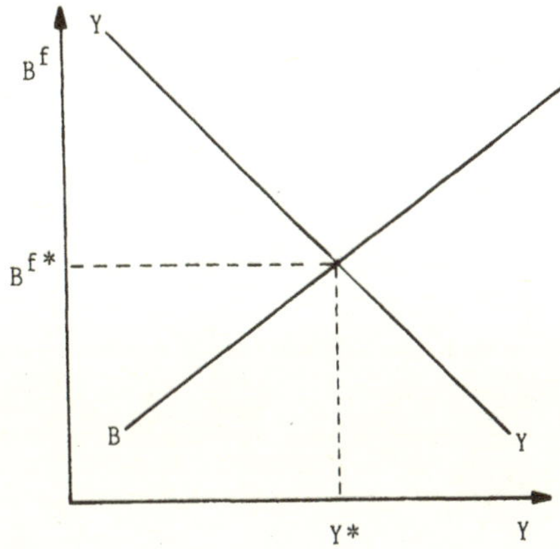

Da Kapitalbewegungen untrennbar mit einer unausgeglichenen Zahlungsbilanz verbunden sind, ist externes Gleichgewicht nun identisch mit einer ausgeglichenen Leistungsbilanz. Setzen wir $PC = FC = 0$, erhalten wir eine Beziehung zwischen B^f und Y , die für Leistungsbilanz- und damit auch Zahlungsbilanzgleichgewicht sorgt.

Die geometrische Abbildung im (B^f, Y) -Koordinatensystem ergibt die ZZ-Kurve als dem geometrischen Ort derjenigen (B^f, Y) -Kombinationen, für die Leistungsbilanzgleichgewicht herrscht. Die Kurve hat eine **negative** Steigung: Steigt B^f , nehmen die Zinszahlungen an das Ausland zu. Das entstandene Defizit muß durch

1) Wir unterstellen, die Marshall-Lerner-Bedingung sei erfüllt, vgl. hierzu II 1.2.

einen Überschuß in der Handelsbilanz abgebaut werden. Hierzu ist ein Einkommensrückgang erforderlich. Das Steigungsmaß wird zum einen durch den Weltzinssatz und zum anderen durch die Abhängigkeit des Handelsbilanzsaldos von Einkommensänderungen bestimmt. Je höher i' ist, um so flacher ist die ZZ-Kurve. Je höher andererseits TC_Yist, um so steiler ist die ZZ-Kurve.

Abbildung (8)

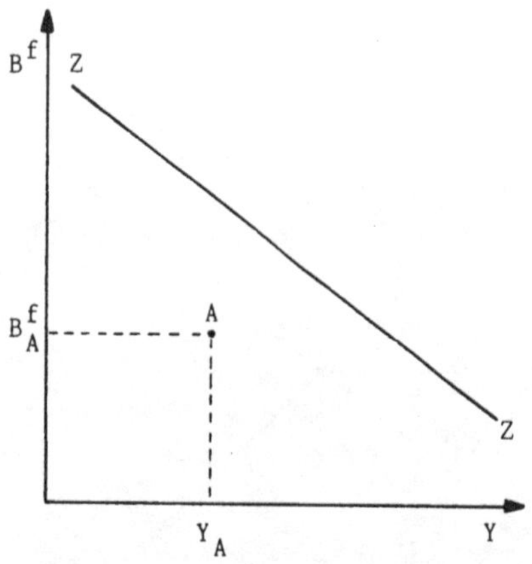

Punkte unterhalb der ZZ-Kurve repräsentieren einen Überschuß, Punkte oberhalb der ZZ-Kurve ein Defizit in der Leistungsbilanz. Betrachten wir z. B. A . Zu Y_A gehört ein Wert von $B^f = B^f_A$, der zu klein ist, um dafür zu sorgen, daß die Zinszahlungen an das Ausland genauso hoch sind wie ein Überschuß in der Handelsbilanz.

Entsteht ein Leistungsbilanzdefizit, so ist damit ein Defizit in der Zahlungsbilanz verbunden. Dies wiederum führt zu einem im Zeitablauf rückläufigen Reservebestand. Kapitalbewegungen sind die Folge. Wie noch gezeigt wird, mindern diese möglicherweise $PC < 0$, bauen ein Zahlungsbilanzdefizit jedoch nicht vollständig ab. M.a.W. bezeichnen Punkte oberhalb und unterhalb der ZZ-Kurve auch entsprechende **Zahlungs**bilanzungleichgewichte.

Wie wir bereits abgeleitet haben, weist die BB-Kurve, als Ausdruck eines Gleichgewichts im monetären Sektor, eine positive Steigung auf. Die YY-Kurve - Ausdruck eines Gütermarktgleichgewichts - hat eine negative Steigung.

Sowohl die YY- als auch die ZZ-Kurve haben also negative Steigung. Damit sind folgende Konstellationen denkbar:

Abbildung (9a)

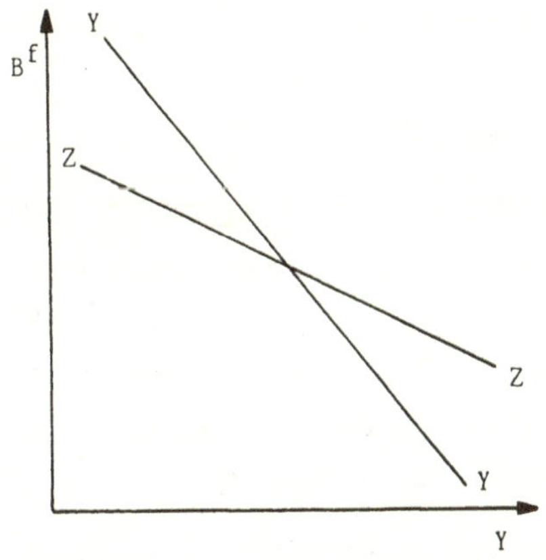

Abbildung (9b)

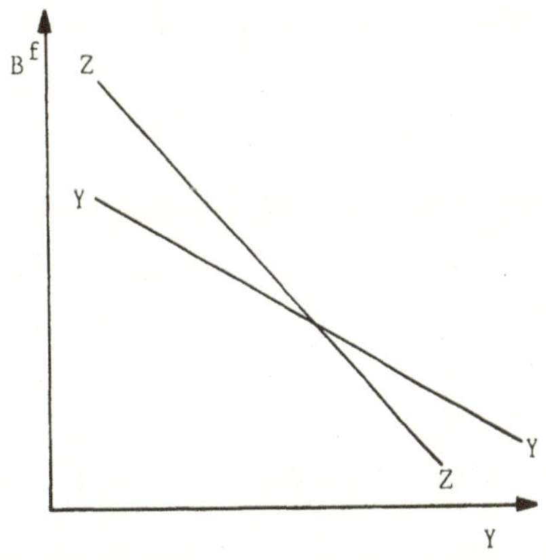

In Abbildung (9a) verläuft die YY-Kurve steiler als die ZZ-Kurve. Steigt Y um eine infinitesimal große Einheit, dann ist ein größerer Rückgang von B^f notwendig, um Gütermarktgleichgewicht herzustellen als erforderlich wäre, um einen Ausgleich in der Zahlungsbilanz zu bewirken. In Abbildung (9b) ist es gerade umgekehrt. Kurzfristig ist ein internes Gleichgewicht mit einer unausgeglichenen Zahlungsbilanz vereinbar. Im Falle eines Defizits verläuft die ZZ-Kurve unterhalb, im Falle eines Überschusses oberhalb des Schnittpunktes der BB- und YY-Kurve.

3.2.2.2.2 Der Zahlungsbilanzanpassungsprozeß

Liegt ein Zahlungsbilanzungleichgewicht vor, ändert sich die Geldmenge im Zeitablauf. Im Falle eines **Überschusses** verschiebt sich die BB-Kurve nach rechts. Steigt die Geldmenge, nimmt das Vermögen zu. Infolgedessen steigt die Wertpapiernachfrage der Inländer. Die Folge ist eine Verminderung von B^f . Zu jedem Y ist nun ein kleinerer Bestand an Inlandspapieren in den Händen der Ausländer vonnöten, um ein Gleichgewicht im monetären Sektor zu sichern.

Ebenso verschiebt sich die YY-Kurve nach rechts, wenn die Geldmenge steigt. Das damit verbundene höhere Vermögen induziert via Konsumanstieg ein höheres Einkommen. Die Lage der ZZ-Kurve bleibt dagegen unverändert.

Es stellt sich die Frage, ob durch diese Verschiebungen ein automatischer **Zahlungsbilanzanpassungsprozeß** in Gang kommt. Das Sozialprodukt steigt in jedem Falle. Damit verbunden ist ein Anstieg der Importe, der den Zahlungsbilanzüberschuß ceteris paribus mindert. Für die Gesamtreaktion sind jedoch auch die Zinszahlungen an das Ausland und die Kapitalbewegungen relevant.

Für die Zinszahlungen an das Ausland ist die Reaktion von B^f bedeutsam. Zwei Wirkungen sind hier zu berücksichtigen: Ein höheres Einkommen senkt die Wertpapiernachfrage; B^f steigt und vermindert auf diese Weise den anfänglichen Zahlungsbilanzüberschuß. Andererseits steigt B^d als Folge höherer Währungsreserven. Dies führt zu einem Rückgang von B^f . Überwiegt dieser Effekt, geht von den grenzüberschreitenden Zinszahlungen ein destabilisierender Effekt aus.

Betrachten wir nun die Kapitalbewegungen. Diese beschreiben Änderungen von B^f im Zeitablauf. Wir gehen aus von den Gleichungen (5a) und (6) im vorausgehenden Abschnitt und erhalten:

$$(5b) \quad \dot{B}^f = -\frac{\left(B_W^d + B_Y^d \frac{\partial Y}{\partial Re}\right)}{\left(1 - B_W^d + B_Y^d \frac{\partial Y}{\partial B^f}\right)} \dot{R}e$$

Hierbei ist der Nenner positiv.

Kapitalbewegungen sind untrennbar mit einem Ungleichgewicht in der Zahlungsbilanz verbunden. Hierbei ist von vornherein nicht eindeutig festzustellen, ob z. B. infolge eines Zahlungsbilanzüberschusses ein Kapitalexport oder ein -import einsetzt. Wie bei einmaligen Änderungen von B^f haben wir auch bei Variationen im Zeitablauf zwei Effekte zu unterscheiden: Steigen die Devisenreserven, nimmt aufgrund des höheren Vermögens die heimische Wertpapiernachfrage zu. Infolgedessen kommt es zu einem Kapitalexport. Andererseits steigt infolge des Vermögenseffektes auf den Konsum das Sozialprodukt und damit der Bedarf an Transaktionskasse. Dies motiviert zu Wertpapierverkäufen und damit zu Kapitalimporten. **Ein Zahlungsbilanzüberschuß kann also sowohl Kapitalimporte als auch Kapitalexporte zur Folge haben.**

Welche Konsequenzen ergeben sich daraus für den Zahlungsbilanzanpassungprozeß?

Um dies herauszufinden, setzen wir (5b) in (4) ein:

$$(4a)\quad \dot{R}e = \frac{1}{\alpha}[TC(Y,Y',e)-B^f i']$$

$$(7)\quad \alpha = \frac{1+B_Y^d \frac{\partial Y}{\partial Re}+B_Y^d \frac{\partial Y}{\partial B^f}}{1-B_w^d+B_y^d \frac{\partial Y}{\partial B^f}}$$

Angenommen, ein anfänglich bestehender Leistungsbilanzüberschuß würde durch die Devisenzuflüsse vermindert. Ob dies ausreicht, um auch den Zahlungsbilanzüberschuß abzubauen, hängt offensichtlich von den Kapitalbewegungen ab. Entscheidend ist das Vorzeichen von α. Der Nenner von α ist positiv. Hingegen kann der Zähler auch negativ sein. Dies ist der Fall, wenn Y sehr stark auf Änderungen von Re reagiert. Dann haben Devisenzuflüsse Kapitalimporte zur Folge, die den Zahlungsbilanzüberschuß verschärften. Ist α dagegen positiv, dann wird die **Richtung** der Zahlungsbilanzentwicklung allein durch die Reaktion der Leistungsbilanz auf Devisenänderungen bestimmt. **Kapitalbewegungen bestimmen lediglich das Tempo.** Kapitalbewegungen sind auch relevant, wenn eine steigende Geldmenge einen Leistungsbilanzüberschuß erhöhen würde. In diesem Fall geht nur dann von Kapitalbewegungen ein stabilisierender Effekt aus, wenn $\alpha < 0$ ist.

Zusammenfassend können wir festhalten: Anders als im Mundell-Fleming-Modell, sind nun Kapitalbewegungen nicht mehr in jedem Fall ein Faktor, der den Zahlungsbilanzanpassungsprozeß unterstützt. Wenn das Einkommen stark auf Devisenänderungen reagiert, und wenn daraufhin die Nachfrage nach Transaktionskasse stark steigt und somit die inländische Wertpapiernachfrage stark sinkt, können einsetzende Kapitalimporte bewirken, daß ein anfänglicher Zahlungsbilanzüberschuß ständig steigt, obwohl ein Überschuß in der Leistungsbilanz sinkt. Dann kommt kein Zahlungsbilanzanpassungsprozeß zustande.

3.2.2.2.3 Wirtschaftspolitik, internes und externes Gleichgewicht

Wie im Rahmen des Mundell-Fleming-Modells wollen wir nun die Frage untersuchen, ob durch wirtschaftspolitische Maßnahmen nicht beschleunigt ein Zahlungsbilanzgleichgewicht herbeigeführt werden kann.

Internes Gleichgewicht ist erreicht, wenn die YY- und die BB-Kurve sich schneiden, und zwar bei **Vollbeschäftigung**. Dies kann kurzfristig mit einem Ungleichgewicht in der Zahlungsbilanz verbunden sein.

Folgende Konstellationen können wir unterscheiden:

Abbildung (10a)

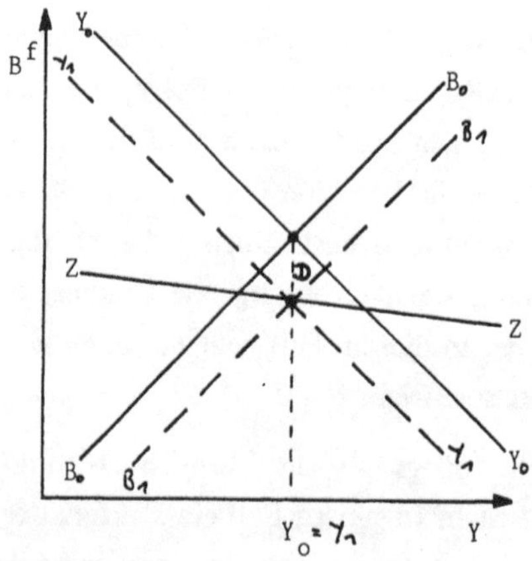

Abbildung (10b)

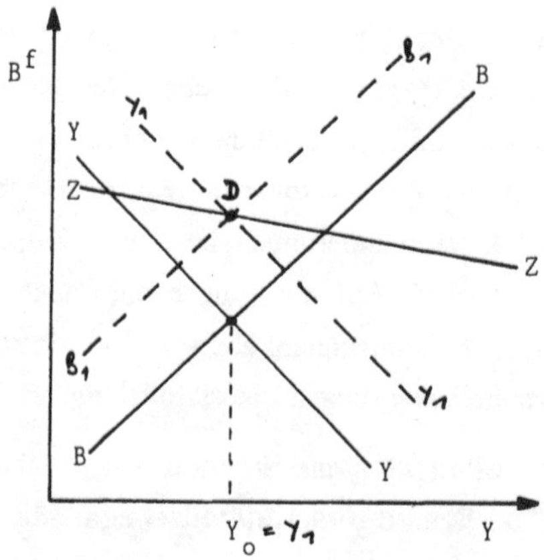

Abbildung (10c)

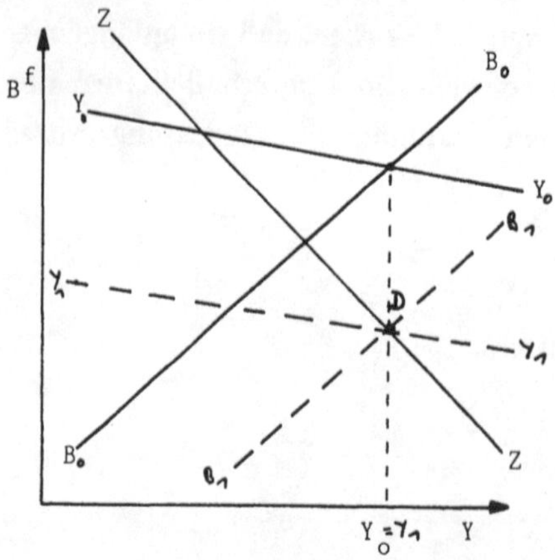

Abbildung (10d)

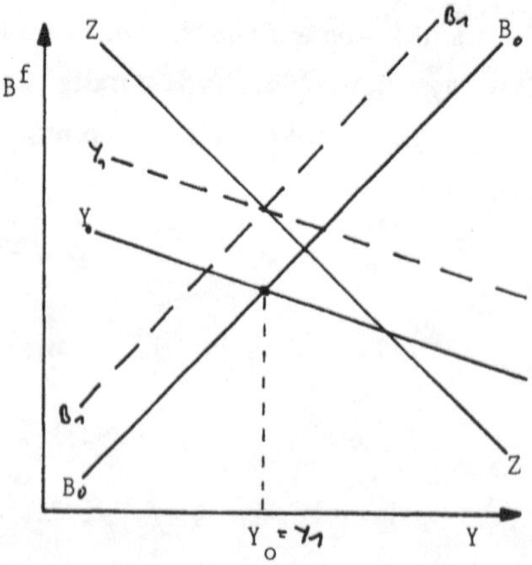

In (10a) und (10c) treffen Vollbeschäftigung und ein Defizit in der Leistungsbilanz zusammen. In (10a) verläuft die ZZ-Kurve flacher als die YY-Kurve. In (10c) ist es umgekehrt. In (10b) und (10d) befindet sich die Leistungsbilanz im Überschuß.

Betrachten wir zunächst eine Situation, in der Vollbeschäftigung und ein **Defizit** in der Zahlungsbilanz zusammentreffen. Wird die Aufgabe, für externes Gleichgewicht zu sorgen, der Zentralbank übertragen, müßte sie in Abb. (10a) eine **expansive**, in (10c) hingegen eine **kontraktive** Offenmarktpolitik betreiben. Ersteres steht im Gegensatz zum Mundell-Fleming-Modell, kann aber im Rahmen des vorliegenden Modells wie folgt begründet werden (wir unterstellen, daß Kapitalbewegungen nicht destabilisierend wirken):

Steigt B^Z , nimmt bei unverändertem Weltmarktzins der Bestand an Inlandstiteln in Händen der Ausländer ab (zu erinnern ist daran, daß wir vereinfachend von $B^f > 0$ ausgehen). Damit aber sinken die an das Ausland zu zahlenden Zinseinkommen, und ein Leistungsbilanzdefizit geht ceteris paribus zurück. Wohlbemerkt ist - wie im vorigen Abschnitt erläutert wurde - nur die Leitungsbilanz für die **Richtung** der Zahlungsbilanzentwicklung wichtig. Andererseits steigt Y . Ist nun die YY-Kurve steiler als die ZZ-Kurve, heißt das, daß zur Herstellung des Gütermarktgleichgewichts nur ein relativ geringer Einkommensanstieg erforderlich ist. Er reicht nicht aus, um eine Verschlechterung der Handelsbilanz zu bewirken, die den Rückgang der Zinseinkommen überkompensiert. In (10c) ist es dagegen gerade umgekehrt. Eine expansive Offenmarktpolitik hat hier eine weitere Vergrößerung des Zahlungsbilanzdefizits zur Folge.

Entsprechend hängt auch in der Situation, in der ein **Überschuß** in der Zahlungsbilanz mit Vollbeschäftigung zusammentrifft, die notwendige geldpolitische Maßnahme davon ab, wie sich die Steigung der YY- und der ZZ-Kurve zueinander verhalten. Ist die YY-Kurve relativ steiler, sind kontraktive Maßnahmen angesagt. Es kommt vor allem darauf an, die Zinseinkommen an das Ausland zu erhöhen. Ist hingegen die ZZ-Kurve steiler, steht ein Anstieg von Y im Mittelpunkt. Entsprechend ist eine expansive Geldpolitik notwendig.

Fiskalpolitische Maßnahmen hängen dagegen nicht vom relativen Steigungsmaß der YY- und der ZZ-Kurve ab. Fallen ein Defizit in der Zahlungsbilanz und ein internes Gleichgewicht zusammen, so ist in jedem Fall eine **kontraktive Fiskalpolitik** angesagt. Sie führt sowohl zu einem niedrigeren Einkommen als auch zu verminderten Zinszahlungen an das Ausland. Letzteres deshalb, weil die Nachfrage nach Transaktionskasse sinkt.

Sowohl mit geld- als auch mit fiskalpolitischen Maßnahmen kann also ein externes Gleichgewicht erreicht werden, wobei die Träger der **Fiskalpolitik** allerdings im Gegensatz zum Mundell-Fleming-Modell weniger Informationen benötigen als die Zentralbank.

Sowohl geld- als auch fiskalpolitische Maßnahmen ändern allerdings das Sozialprodukt und führen somit ein **internes Ungleichgewicht** herbei. Analog zum Mundell-Fleming-Modell wollen wir deshalb untersuchen, ob nicht durch eine Kombination von Geld- und Fiskalpolitik sowohl internes als auch externes Gleichgewicht erreicht werden können.

Beginnen wir mit (10a). Es herrschen Vollbeschäftigung und ein Zahlungsbilanzdefizit. Zielpunkt ist D . Hierzu notwendig ist eine Kombination aus **expansiver Geld- und kontraktiver Fiskalpolitik**. Beide Maßnahmen sind dabei geeignet, für externes Gleichgewicht zu sorgen. Sie kompensieren sich aber gegenseitig, was die Einkommensänderung anbelangt.

In (10c) liegt zwar dieselbe Ausgangssituation vor. Allerdings ist nun die ZZ-Kurve steiler als die YY-Kurve. Zielpunkt ist D . Um ihn zu erreichen, ist eine Kombination aus **expansiver Geld- und kontraktiver Fiskalpolitik notwendig**. Es handelt sich also um dasselbe Maßnahmenbündel. Nun aber besteht die Rolle der Geldpolitik ausschließlich darin, für **internes Gleichgewicht** zu sorgen.

In (10b) treffen Zahlungsbilanzüberschuß und Vollbeschäftigung zusammen. Zielpunkt ist D . Um ihn zu erreichen, ist nun eine Kombination aus **kontraktiver Geld- und expansiver Fiskalpolitik** notwendig. Beide Maßnahmen tragen zur externen Stabilisierung bei.

In (10d) wird das gesamtwirtschaftliche Gleichgewicht ebenfalls durch eine Kombination von **kontraktiver Geld- und expansiver Fiskalpolitik herbeigeführt**. Offenbar ist es hier Aufgabe der Geldpolitik, ausschließlich für interne Stabilität zu sorgen.

3.2.2.3 Zusammenfassung

Zusammenfassend können wir festhalten: Die Art und Weise, wie Kapitalbewegungen modelliert werden, beeinflußt in hohem Maße die **Beschaffenheit des externen Gleichgewichts**. Im Mundell-Fleming-Modell werden die Kapitalbewegungen als ein dauerhaft existierender Strom modelliert. Externes Gleichgewicht ist dann vereinbar mit einem Ungleichgewicht in der Leistungsbilanz.

In kontinuierlichen Strom-Bestands-Modellen mit vollständig stubstitutiven in- und ausländischen Wertpapieren kommt es dagegen dann zu Kapitalbewegungen, wenn die Änderung des inländischen Wertpapierangebots von der Nachfrageänderung abweicht. Bei unverändertem Wertpapierangebot des Staates und der Zentralbank werden Kapitalbewegungen durch Änderungen der inländischen Wertpapiernachfrage bestimmt. Hierfür verantwortlich zeichnet bei gegebenen Zins letztendlich eine Änderung des Devisenbestandes selbst. Damit aber ist ein Saldo in der Kapitalbilanz nur denkbar, wenn auch die Zahlungsbilanz im Ungleichgewicht ist. Anders gewendet, entspricht externes Gleichgewicht einer ausgeglichenen Leistungsbilanz.

Weiterhin fördern Kapitalbewegungen nun nicht mehr in jedem Falle die Zahlungsbilanzanpassung. Steigende Devisenreserven z. B. können nämlich sowohl einen Kapitalimport als auch einen -export zur Folge haben, je nachdem, ob der Einkommens- oder der Vermögenseffekt auf die Wertpapiernachfrage dominiert.

Drittens zeigen die Strom-Bestands-Modelle, daß die Art und Weise, wie Kapitalbewegungen modelliert werden, auch die wirtschaftspolitischen Maßnahmen zur Realisierung von internem und externem Gleichgewicht beeinflußt.

3.2.2.4 Implikationen staatlicher Budgetdefizite

Im folgenden beziehen wir die Finanzierungseffekte staatlicher Budgetdefizite mit ein. Wir gehen dabei von **Kreditfinanzierung** aus. Für die staatliche Budgetrestriktion folgt:

$$(1) \quad \dot{B} = A^{StG} + (B - B^Z)i'(1-t) + tB^f i' - tY$$

$$(2) \quad \overline{A}^{St} = A^{StG} + (B - B^Z)(1-t)i' + tB^f i'$$

Die gesamten Staatsausgaben umfassen nun Ausgaben für Güter und Dienste sowie Zinsausgaben. Hierbei tragen wir dem Sachverhalt Rechnung, daß an die Zentralbank keine Zinsen bezahlt werden, bzw. Zentralbankgewinne an den Staat transferiert werden. Maßgeblich für die Belastung des Staatsbudgets durch Zinsen ist dabei nur der Betrag abzüglich der von den Privaten zu entrichtenden Steuern. Hierbei haben wir zu berücksichtigen, daß die Ausländer nicht im In- sondern in ihrem Heimatland der Steuerpflicht unterliegen.

Ein Budgetdefizit führt zu im Zeitablauf steigenden Ausgaben für den Kapitaldienst. Wir wollen annehmen, dieser steigende Kapitaldienst führe nicht zu einem Anstieg der Verschuldung oder zu steigenden Steuern, sondern werde durch **rückläufige Ausgaben für Güter und Dienste** aufgefangen. Unter Berücksichtigung von (1) erhalten wir für die staatliche Budgetrestriktion:

$$(1a)\quad \dot{B} = \overline{A}^{St} - tY$$

Unter Berücksichtigung von (2) ändert sich die Gleichgewichtsbedingung für den Gütermarkt zu:

$$(3)\quad Y = C(Y^V, W) + \overline{A}^{St} - (B - B^Z)(1-t)i' - tB^f i' + TC(Y, Y', e)$$

$$(4)\quad Y^V = [Y + (B - B^Z - B^f)i'][1-t]$$

$$(5)\quad W = Re + B - B^f$$

Gleichung (1a) macht deutlich, daß ein ausgeglichener Staatshaushalt nur mit einem Sozialprodukt vereinbar ist, das durch den Quotienten aus den gesamten Staatsausgaben und dem Steuersatz bestimmt wird.

Für den Saldo der Zahlungsbilanz und den Anteil der Ausländer am inländischen Wertpapierbestand folgt:

$$(6)\quad PC = TC(Y, Y', e) - B^f i' + \dot{B}^f = \dot{R}e$$

$$(7)\quad B^f = B - B^Z - B^d(i', Y, W)$$

Unter Berücksichtigung eines im Zeitablauf steigenden Staatsschuldenstandes erhalten wir für die Bestimmungsfaktoren der Kapitalbewegungen:

$$(8)\quad \dot{B}^f = \left[\left(1 - B_W^d - B_Y^d \frac{\partial Y}{\partial B}\right)\dot{B} - \left(B_W^d + B_Y^d \frac{\partial Y}{\partial Re}\right)\dot{R}e\right] \frac{1}{1 - B_W^d + B_Y^d \frac{\partial Y}{\partial B^f}} \quad ^{1)}$$

Offensichtlich ist nun die Existenz von Kapitalbewegungen nicht mehr allein mit Zahlungsbilanzungleichgewichten verbunden; hinzu kommen Budgetdefizite des Staates. Ein steigender Staatsschuldenstand kann dabei zu konstantem Weltzinssatz auf dem Weltkapitalmarkt finanziert werden. Bei gegebener Wertpapiernachfrage der Privaten hat das einen **Kapitalimport** zur Folge. Nun erhöht der steigende

1) $1 - B_W^d + B_Y^d \frac{\partial Y}{\partial B^f} > 0.$

Staatsschuldenstand auch das Vermögen der Privaten. Dies induziert ceteris paribus einen Kapitalexport. Wie das Sozialprodukt auf einen höheren Staatsschuldenstand reagiert, ist - wie noch gezeigt wird - nicht eindeutig. Steigt Y , dann führt der höhere Bedarf an Transaktionskasse zu einem Kapitalimport, in anderem Fall zu einem Kapitalexport. Per saldo können wir jedoch davon ausgehen, daß ein Budgetdefizit des Staates einen **Kapitalimport** induziert.

Bislang wurde das dynamische Systemverhalten durch eine unausgeglichene Zahlungsbilanz diktiert. Nun kommt ein staatliches Budgetdefizit hinzu. Befänden wir uns in einer geschlossenen Volkswirtschaft, wäre offensichtlich, daß ein im Zeitablauf konstantes Sozialprodukt und ein konstanter Zinssatz einen ausgeglichenen Staatshaushalt erfordert. Wie sieht es nun in der offenen Volkswirtschaft aus?

Betrachten wir die Gütermarktgleichgewichtsbedingung, wird deutlich, daß ein im Zeitablauf konstantes Sozialprodukt sowohl ein konstantes Gesamtvermögen als auch ein konstantes Niveau an B und B^Z vorausgesetzt. M.a.W. muß auch die **Vermögensstruktur** im Zeitablauf unverändert bleiben. Damit aber sind für ein (stationäres) Gleichgewicht weiterhin ein ausgeglichener Staatshaushalt und somit auch eine ausgeglichene Zahlungsbilanz notwendig.

In der Literatur findet man oftmals das Argument, in einer offenen Volkswirtschaft könne der Staat auch im langfristigen Gleichgewicht Haushaltsdefizite fahren, vorausgesetzt, einem staatlichen Ausgabenüberschuß entspricht ein Überschuß in der Zahlungsbilanz [1)]. Als Voraussetzung wird die Neutralisierung der Devisenzuflüsse durch Offenmarktpolitik genannt. In diesem Fall bleibt die Geldmenge konstant. Da ferner der Zunahme von B eine Zunahme von B^Z entspricht, wird auf eine Konstanz des Gesamtvermögens geschlossen. Dies ist in obigem Modell offensichtlich nicht der Fall, da auch eine Änderung von B^f zu brücksichtigen ist. Ferner wird im vorliegenden Modell nicht nur ein konstantes Gesamtvermögen, sondern auch eine konstante **Vermögensstruktur** gefordert.

Im folgenden unterstellen wir, Devisenzuflüsse würden **nicht** (neutralisiert). Uns interessiert, ob im Falle staatlicher Budgetdefizite und einem Zahlungsbilanzungleichgewicht ein Prozeß in Gang kommt, der beide Ungleichgewichtssituationen beseitigt. Hierzu betrachten wir zunächst die Wirkungen eines im Zeitablauf steigenden Staatsschuldenstandes auf Y und B^f : Ausgangspunkt bilden die in 3.2.2.1 abgebildete BB- und YY-Kurve.

1) Vgl. H.J. Jarchow, P. Rühmann (1982), S. 249 ff.

Ein Anstieg von *B* verschiebt die BB-Kurve nach links. Entscheidend hierfür ist, daß ein höherer Staatsschuldenstand ein inländisches Überangebot an Wertpapieren induziert, das von Ausländern absorbiert wird. Im Wertpapiermarktgleichgewicht gehört zu jedem Einkommensniveau nun ein höherer Wert von B^f. Für die Verschiebung der YY-Kurve ist das Folgende wichtig: Der Vermögenseffekt führt zu einem Anstieg der Konsumgüternachfrage; in dieselbe Richtung zielt der Anstieg der Zinseinkommen. Beide Effekte verschieben die YY-Kurve nach rechts. Andererseits sinken die Staatsaussgaben für Güter und Dienste im Ausmaß des höheren Kapitaldienstes. Damit es dennoch zu einer Rechtsverschiebung der YY-Kurve kommt, muß der Vermögenseffekt auf den Konsum genügend stark sein. Aber selbst dann ist noch nicht sicher, ob per saldo *Y* mit *B* steigt, wie die folgenden Abbildungen zeigen:

Abbildung (11a)

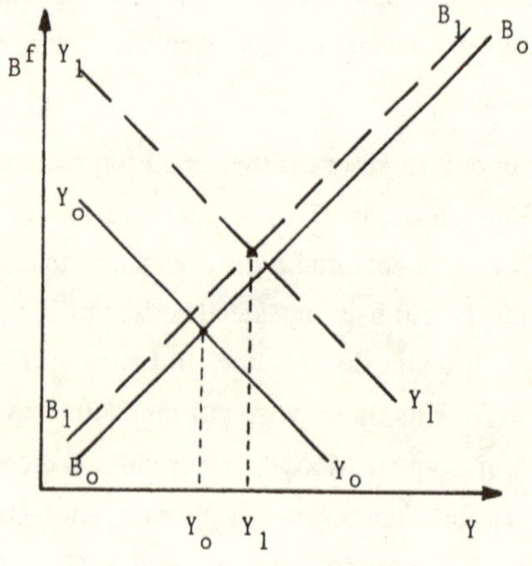

Abbildung (11b)

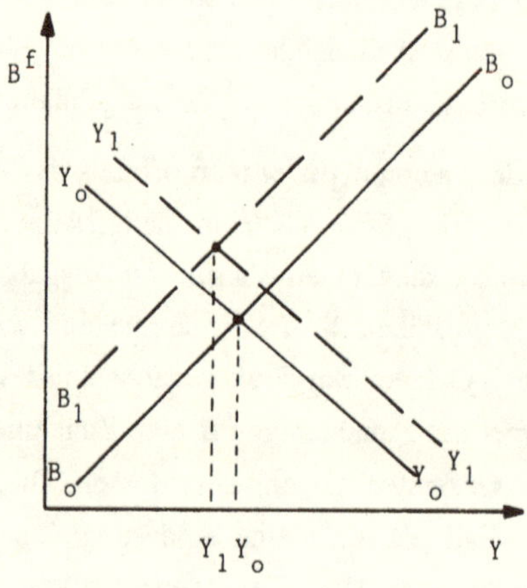

Nimmt B^f infolge eines höheren Staatsschuldenstandes zu, dann hat dies einen Rückgang der Güternachfrage zur Folge; *Y* sinkt. Dies ist der Effekt der Linksverschiebung der BB-Kurve. Eine Rechtsverschiebung der YY-Kurve hingegen bringt zum Ausdruck, daß ein höherer Staatsschuldenstand ceteris paribus einen Anstieg von *Y* bewirkt. Wie *Y* somit letztendlich reagiert, hängt davon ab, wie stark sich die beiden Kurven relativ zueinander verschieben. In Abbildung (11a) verschiebt sich die YY-Kurve **stärker** als die BB-Kurve. Infolgedessen induziert ein

Anstieg des Staatsschuldenstandes ein höheres Sozialprodukt. Umgekehrt verhält es sich in Abbildung (11b). Zu einem Rückgang von Y kommt es natürlich auch, wenn eine Linksverschiebung der YY-Kurve eintritt. Hingegen wird B^f in jedem Fall steigen.

Exemplarisch betrachten wir im folgenden den Fall, in dem Y mit B **steigt**. Für die Wirkungen eines sich im Zeitablauf ändernden Devisenbestandes ergeben sich zum vorausgegangenem Abschnitt keine Änderungen. Somit können wir (3) und (7) reduzieren auf:

$$(3a) \quad Y = Y\Big(\underset{+}{B}, \underset{+}{Re} \ldots\Big)$$

$$(7a) \quad B^f = B^f\Big(\underset{+}{B}, \underset{\substack{+ \\ -}}{Re} \ldots\Big)$$

Die drei Pünktchen weisen dabei auf die anderen Bestimmungsfaktoren hin. Sie allerdings stellen exogene Größen dar und sind damit für die Richtung des dynamischen Anpassungsprozesses nicht von Bedeutung. Wir setzen nun (3a) und (7a) in die Bestimmungsgleichung für das staatliche Budgetdefizit ein und erhalten:

$$(1b) \quad \dot{B} = \overline{A}^{St} - tY\Big(\underset{+}{B}, \underset{+}{Re} \ldots\Big)$$

Setzen wir die Gleichung (1b) gleich Null, erhalten wir diejenigen Kombinationen von B und Re, die einen ausgeglichenen Staatshaushalt erlauben. Ihre graphische Abbildung in einem (B,Re) -Koordinatensystem wollen wir als DD-Kurve bezeichnen. Sind Y und B **positiv** korreliert, weist die DD-Kurve offensichtlich eine **negative** Steigung auf: Steigt der Devisenbestand, nehmen die Steuereinnahmen zu, und der Staatshaushalt weist einen Überschuß auf. Um das Budget wieder auszugleichen, ist ein Rückgang von B notwendig.

Abbildung (12)

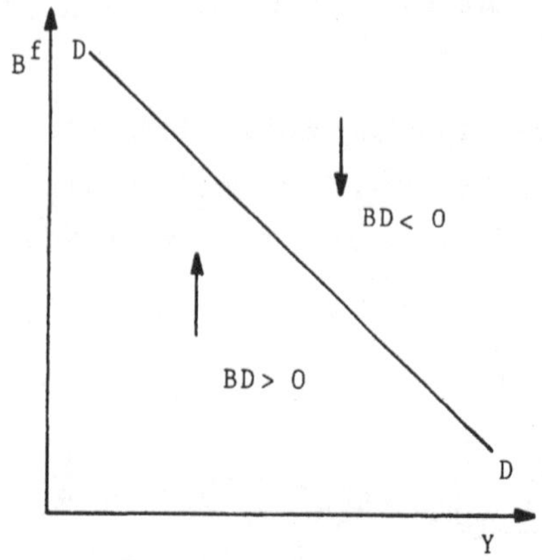

Die DD-Kurve repräsentiert den geometrischen Ort derjenigen Kombinationen von B und Re, für die der Staatshaushalt ausgeglichen ist. Punkte **unterhalb** der Kurve hingegen repräsentieren ein **Budgetdefizit**, Punkte **oberhalb** der Kurve einen **Überschuß**. Liegt ein Budgetdefizit vor, steigt B im Zeitablauf. Ob dadurch das Budgetdefizit abgebaut wird, sich das System also in Richtung DD-Kurve bewegt, kann aus der Differentialgleichung (1b) ermittelt werden [1].

Hierzu approximieren wir (1b) linear:

$$(1') \quad \dot{B} = \overline{A}^{St} - \gamma_1 B - \gamma_2 Re \qquad \gamma_1, \gamma_2 > 0$$

Setzen wir obige Gleichung $= 0$, erhalten wir den geometrischen Ort aller (B, Re) -Kombinationen, für die der Staatshaushalt ausgeglichen ist. Nach B aufgelöst, folgt:

$$(1a') \quad B = -\frac{\gamma_2}{\gamma_1} Re + \frac{\overline{A}^{St}}{\gamma_1}$$

1) Vgl. hierzu auch den mathematischen Anhang.

Im Falle eines Budgetdefizits gilt dagegen

$$(1b') \quad \dot{B} > 0 \quad \rightarrow \quad B < -\frac{\gamma_2}{\gamma_1} Re + \frac{\overline{A}^{St}}{\gamma_1}$$

Da im Falle eines Budgetdefizits B steigt, kommt eine Bewegung zur DD-Kurve hin zustande. Analog verhält es sich bei einem Budgetüberschuß.

Steigt Y mit B , bewirken offensichtlich steigende Steuereinnahmen einen Abbau des Budgetdefizits. Dies verdeutlichen wir durch einen nach oben gerichteten Pfeil im Bereich unterhalb der DD-Kurve. Liegt ein Überschuß vor, geht B zurück. Wir beschreiben diesen Vorgang durch einen nach unten gerichteten Pfeil.

Analog erhalten wir eine Differentialgleichung für die Devisenreserven. Hierbei gehen wir bei der Bestimmung von *PC* vereinfachend von Gleichung (7a) aus:

$$(6a) \quad \dot{R}e \;=\; \frac{1}{1-\frac{\partial B^f}{\partial Re}}\left\{TC\left[Y\left(\underset{+}{B},\underset{+}{Re}\right),Y',e\right]-B^f\left(\underset{+}{B},\underset{\pm}{Re}\right)i'+\frac{\partial B^f}{\partial B}[A^{St}-tY(B,Re)]\right\}$$

Wir unterstellen, daß steigende Devisenreserven ceteris paribus einen bestehenden Zahlungsbilanzüberschuß vermindern. Dann hängt die Steigung der ZZ-Kurve davon ab, wie die Zahlungsbilanz auf einen sich ändernden Staatsschuldenstand reagiert. Von zentraler Bedeutung ist hierfür die Reaktion des Sozialprodukts auf Änderungen von B . Steigt Y mit B, dann führt dies dazu, daß ein bestehender Zahlungsbilanzüberschuß zurückgeht. Die ZZ-Kurve hat dann eine negative Steigung.

Abbildung (13)

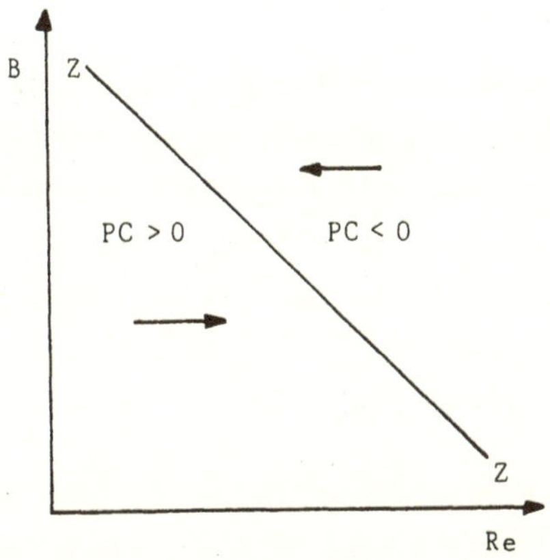

Wie aus der Differentialgleichung ermittelt werden kann, weisen die Pfeilrichtungen in Ungleichgewichtssituationen zur ZZ-Kurve, falls durch einen Anstieg von *Re* ein Zahlungsbilanzüberschuß abgebaut wird.

Wir bilden als nächstes die DD- und die ZZ-Kurve zusammen ab.

Abbildung (14a)

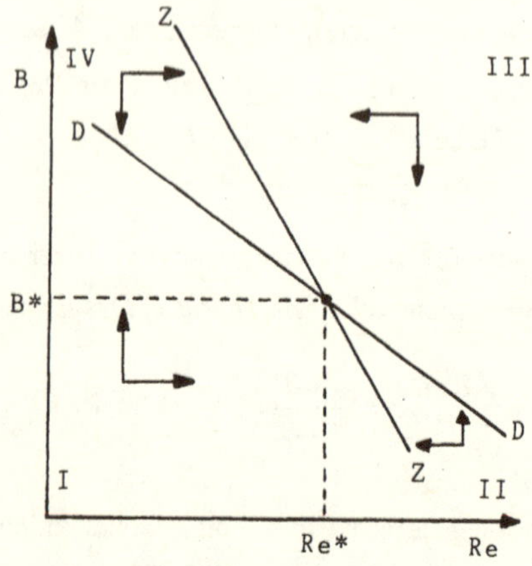

Abbildung (14b)

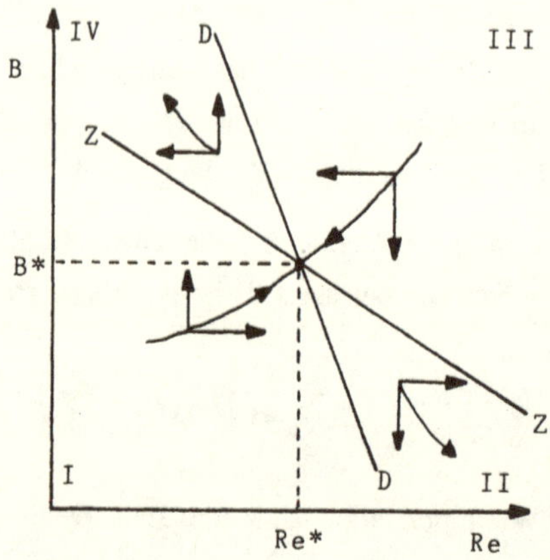

Die beiden Abbildungen basieren auf einer **positiven** Korrelation zwischen Sozialprodukt und Staatsschuldenstand. Beide Phasenkurven haben eine **negative** Steigung. In Abbildung (14a) fällt die Kurve ausgeglichener Staatshaushalte (DD-Kurve) weniger stark als die ZZ-Kurve. In beiden Abbildungen liegt das Gleichgewicht im Schnittpunkt beider Kurven. Ungleichgewichtssituationen werden durch Punkte in den Feldern (I) - (IV) beschreiben.

Offensichtlich kommt in jedem der Felder der Abbildung (14a) eine Bewegung zum Gleichgewicht zustande. Anders sieht es hingegen in der Abbildung (14b)aus. Dort bewegt sich das System in den Feldern (II) und (IV) vom Gleichgewicht weg. Wenn also die ZZ-Kurve flacher als die DD-Kurve verläuft, ist das System nicht mehr überall stabil. Vielmehr liegt eine **Sattelpunktlösung** vor [1]. Wenn bestimmte Anfangswerte realisiert sind, bewegt sich die Volkswirtschaft auf der stabilen Trajektorie zum Gleichgewicht hin, andernfalls verstärken sich die Ungleichgewichte.

1) Vgl. den mathematischen Anhang.

Budgetdefizite können also unter Umständen eine Zahlungsbilanzanpassung vereiteln. Nehmen wir z. B. Feld (IV) in Abb. (14b). Ein Budgetdefizit und ein Zahlungsbilanzdefizit treffen zusammen. Der steigende Staatsschuldenstand erhöht zwar via *Y* die Steuern; in die entgegengesetzte Richtung wirkt jedoch der rückläufige Devisenbestand. Wenn die DD-Kurve steiler als die ZZ-Kurve verläuft, dann ist der Rückgang der Devisenreserven insgesamt so groß, daß das Budgetdefizit vergrößert wird.

Obige Ausführungen machen deutlich, daß staatliche Budgetdefizite eine entscheidende Rolle dafür spielen, ob ein gesamtwirtschaftliches Gleichgewicht realisiert werden kann. Angenommen, ausgehend von solch einer Gleichgewichtssituation, rutscht die Zahlungsbilanz aus irgendeinem Grund ins Defizit, ist damit ein Einkommensrückgang und ein **Budgetdefizit** des Staates verbunden. Kreditfinanzierte staatliche Budgetdefizite bewirken einen Anstieg des Staatsschuldenstandes im Zeitablauf. Die Systemdynamik wird also nicht mehr nur durch eine Änderung der Devisenreserven, sondern zusätzlich durch eine Änderung des Staatsschuldenstandes bestimmt. Das Zusammenwirken beider Komponenten kann unter Umständen die Rückkehr zum internen und externen Gleichgewicht vereiteln.

3.2.3 Der Portfolio-Balance-Ansatz

3.2.3.1 Das Grundmodell

Wir geben nun die Annahme auf, in- und ausländische Anlagen seien vollständig substitutiv. Vielmehr liegt nun aufgrund von unterschiedlichen Einzelrisiken eine **unvollständige** Substitutionsbeziehung vor. Wir gelangen dann zu den **Portfolio-Balance-Modellen**. Die Nachfrage nach in- und ausländischen Aktiva basiert auf einer Entscheidung über die optimale Vermögensstruktur bei Unsicherheit. Grundlage ist also die Portfoliotheorie. Wie im Abschnitt über die Kapitalbewegungen beschrieben, kann dann der monetäre Sektor wie folgt modelliert werden:

(1) $W = Re + B + B'e$

$B'e$ beschreibt den Bestand an ausländischen Wertpapieren in inländischem Besitz. Vereinfachend nehmen wir an, Ausländer würden keine Inlandspapiere in ihr Portefeuille aufnehmen. Aufgrund der unvollständigen Substitutionsbeziehung zwischen in- und ausländischen Anlagen paßt sich nun der inländische Zins nicht mehr an das Auslandsniveau an. Er wird vielmehr durch Übereinstimmung von inländischer Wertpapiernachfrage und dem Wertpapierangebot bestimmt. Wie zuvor können die Inländer jede Nachfrage nach Auslandstiteln zum gegebenen Weltzinsniveau auch decken. Somit folgt:

$$(2) \quad B'e = B^{d'} = F\Big(\underset{-}{i}, \underset{+}{i'}, \underset{+}{W}\Big)$$

Hierbei unterstellen wir, daß eine Änderung der Nachfrage nach Transaktionskasse die Nachfrage nach Auslandstiteln unverändert läßt.

Der monetäre Sektor befindet sich im Gleichgewicht, wenn Geld- und Wertpapiermarkt im Gleichgewicht sind. Aufgrund der Vermögensrestriktion ist dabei eine Gleichgewichtsbedingung redundant. Wir entscheiden uns in Übereinstimmung mit der Literatur für den Wertpapiermarkt und erhalten dann:

$$(3) \quad M = Re + B^Z = L\Big(\underset{-}{i}, \underset{-}{i'}, \underset{+}{Y}, \underset{+}{W}\Big)$$

Hinzu kommt die Gleichgewichtsbedingung für den Gütermarkt:

$$(4) \quad Y = C\Big(\underset{+}{Y^V}, \underset{+}{W}\Big) + A^{StG} + TC\Big(\underset{-}{Y}, \underset{+}{Y'}, \underset{+}{e}\Big)$$

Für das verfügbare Einkommen der Haushalte folgt:

$$(5) \quad Y^V = (1-t)[Y + (B - B^Z)i + B'i'e]$$

Für die Staatsausgaben für Güter und Dienste erhalten wir:

$$(6) \quad A^{StG} = \overline{A}^{St} + tB'i'e - (1-t)(B - B^Z)i$$

Wiederum unterstellen wir also, daß steigende Zinsausgaben die Staatsausgaben für Güter vermindern sollen. Entsprechend erhalten wir für das staatliche Budgetdefizit:

$$(7) \quad \dot{B} = \overline{A}^{St} - tY$$

Das Modell wird geschlossen durch die Bestimmungsgleichung für die Zahlungsbilanz und durch die Bestimmungsgleichung für die Kapitalbewegungen. Hierbei umfaßt ein Anstieg des Bestandes an Auslandsaktiva einen Kapitalexport. Aus Gleichung (2) folgt:

$$(8) \quad PC = \dot{R}e = TC(Y, Y', e) + B'ei' - \dot{B}'e \qquad e = e_0$$

$$(9) \quad \dot{B}'e = \frac{F_i \frac{di}{dt} + F_W \dot{B} + F_W \dot{R}e}{1 - F_W} \qquad i' = i'_0$$

Wenn also in- und ausländische Anlagen **unvollständig** substitutiv sind, dann spielen **Zinsänderungen** im Zeitablauf ebenfalls eine Rolle für Kapitalex- und -importe.

Im folgenden gehen wir wieder schrittweise vor. Zunächst vernachlässigen wir staatliche Budgetdefizite und untersuchen das Systemverhalten bei einem Zahlungsbilanzungleichgewicht. Anschließend beziehen wir staatliche Budgetdefizite mit ein.

3.2.3.2 Vernachlässigung staatlicher Budgetdefizite

3.2.3.2.1 Der Zahlungsbilanzanpassungsprozeß

Für das Modell folgt nun:

$$(1)\quad W = Re + B + B'e$$

$$(2)\quad M = L\big(\underset{-}{i}, \underset{-}{i'}, \underset{+}{Y}, \underset{+}{W}\big) = Re + B^Z$$

$$(3)\quad B'e = F\big(\underset{-}{i}, \underset{+}{i'}, \underset{+}{W}\big)$$

$$(4)\quad Y = C\big(\underset{+}{Y}, \underset{-}{t}, \underset{+}{W}\big) + A^{St} + TC\big(\underset{-}{Y}, \underset{+}{Y'}, \underset{+}{e}\big)$$

$$(5)\quad PC = \dot{R}e = TC(Y, Y', e) + B'ei' - \dot{B}'e \qquad e = e_0$$

$$(6)\quad \dot{B}e = \frac{F_i \dot{i} + F_W \dot{R}e}{1 - F_W} \qquad i' = const$$

Ein Motiv für Kapital**exporte** sind nun neben Devisenzuflüssen Senkungen des inländischen Zinssatzes im Zeitablauf. Allerdings sind Zinsänderungen wiederum an Devisenbewegungen gebunden. Ist nämlich die Zahlungsbilanz ausgeglichen, gibt es bei einem ausgeglichenen Staatshaushalt keinen Grund für Variationen des Inlandszinssatzes im Zeitablauf.

Im folgenden wollen wir die Beziehung zwischen Zinssatz und Devisenreserven präzisieren. Hierzu betrachten wir zunächst einen **Zeitpunkt**. Im betrachteten Zeitpunkt ist das Niveau der Devisenreserven eine gegebene Größe. Wir können auf dieser Grundlage ein Gleichgewicht im monetären Sektor durch eine Beziehung zwischen i und Y abbilden, also eine Art LM-Kurve konstruieren. Hierzu ermitteln wir aus Gleichung (3) $B'e$ in Abhängigkeit von i, i', B und Re :

$$(3a) \quad B'e = B'\big(\underset{-}{i}, \underset{+}{i'}, \underset{+}{B}, \underset{+}{Re}\big)$$

Setzen wir nun (3a) in die Geldmarktgleichgewichtsbedingung ein, erhalten wir:

$$(2a) \quad (Re + B^Z) = L\big[\underset{-}{i}, \underset{-}{i'}, \underset{+}{Y}, \underset{+}{Re} + \underset{+}{B} + \underset{+}{B'}(i,i',B,Re)\big]$$

Die graphische Abbildung von (2a) ergibt die LM-Kurve. Sie hat eine **positive** Steigung. Hierbei wird das Steigungsmaß auch durch die Zinselastizität der Nachfrage nach Auslandsaktiva beeinflußt. Die Kurve verschiebt sich nach **rechts**, wenn die Devisenreserven steigen, die Zentralbank Offenmarktkäufe tätigt oder der Weltzinssatz steigt. Sie verschiebt sich dagegen nach **links**, wenn z. B. der Staatsschuldenstand zunimmt.

Setzen wir (3a) in die Gleichgewichtsbedingung für den Gütermarkt ein, erhalten wir die IS-Kurve:

$$(4a) \quad Y = C[Y, t, Re + B + B'(i,i',B,Re)] + A^{St} + TC(Y, Y', e)$$

Die Kurve hat **negative** Steigung [1]. Sie verschiebt sich nach **rechts**, wenn B, Re und i', ferner A^{St} und Y' steigen.

Abbildung (15)

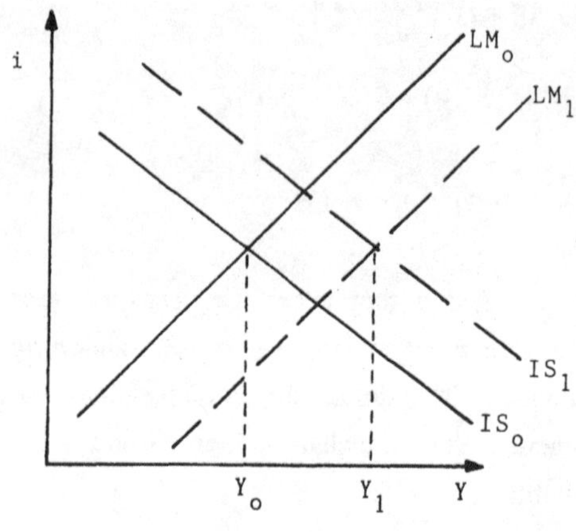

1) Dies wird dadurch begründet, daß B' sinkt, wenn i steigt.

Steigen also z. B. die Devisenreserven, kommt es zu einer Rechtsverschiebung der LM-Kurve. Bei konstanter Lage der IS-Kurve hat dies sinkende Zinsen zur Folge. Anders als im Mundell-Fleming-Modell verschiebt sich nun aber auch die IS-Kurve, und zwar ebenfalls nach rechts. Dies ist eine Folge der unterstellten **Vermögensabhängigkeit des Konsums**. Die höheren Devisenreserven bewirken via Konsumanstieg ein höheres Sozialprodukt. Damit verbunden sind nun aber höhere Zinsen.

Wir unterstellen im folgenden, letztgenannter Effekt dominiere nicht. Dann haben wie im Mundell-Fleming-Modell Devisenzuflüsse **Zinssenkungen** zur Folge. Das Einkommen steigt in jedem Falle. Wir können somit schreiben:

$$(2b) \quad i = \left(\underset{-}{Re}, \ldots\right)$$

$$(4b) \quad Y = Y\left(\underset{+}{Re} \ldots\right)$$

Die Pünktchen weisen wiederum auf weitere Faktoren hin, die i und Y bestimmen. (2b) und (4b) eingesetzt in Gleichung (6) führt zu:

$$(6a) \quad \dot{B}'e = \frac{F_i \frac{\partial i}{\partial Re} + F_W}{1 - F_W} \dot{R}e$$

Ein Zahlungsbilanzüberschuß induziert nun auf jeden Fall einen **Kapitalexport**. Verantwortlich dafür sind sinkende Inlandszinsen und ein steigendes Vermögen.

Ein Zahlungsbilanzüberschuß z. B. verschiebt sowohl die LM- als auch die IS-Kurve nach rechts. Dieser Prozeß ist erst beendet, bis der Zahlungsbilanzüberschuß abgebaut ist. Da gleichzeitig in diesem Fall keine Kapitalbewegungen mehr existieren, ist Zahlungsbilanzgleichgewicht gleichbedeutend mit einem Gleichgewicht in der Leistungsbilanz.

Ob es zu diesem Gleichgewicht kommt, können wir ermitteln, wenn wir (2b) und (6a) in die Zahlungsbilanzbestimmungsgleichung einsetzen. Wir erhalten dann:

$$(5a) \quad \dot{R}e = \left[\frac{1 + F_i \frac{\partial i}{\partial Re}}{1 - F_W}\right]^{-1} \left[TC\left[\underset{-}{Y}\left(\underset{+}{Re} \ldots\right), Y', e\right] + B'\left[i\left(\underset{-}{Re}\right), \underset{+}{Re} \ldots\right] i'\right]$$

Hierbei weisen die Pünktchen darauf hin, daß neben den Devisenreserven weitere Faktoren den Saldo der Leistungsbilanz bestimmen. Sie sind jedoch für den Zahlungsbilanzanpassungsprozeß ohne Bedeutung.

Kapitalbewegungen sind nur wichtig für die **Stärke** des Anpassungsprozesses. Ob es zu einem automatischen Zahlungsbilanzanpassungsprozeß kommt, hängt allein von der Reaktion der Leistungsbilanz auf Devisenänderungen ab. Hierbei sinkt ein Handelsbilanzüberschuß, wenn dem betrachteten Land Devisen zufließen. Andererseits steigen die Zinseinkommen aus dem Ausland. Voraussetzung dafür, daß ein Zahlungsbilanzüberschuß beseitigt wird, ist, daß der Einfluß der Zinseinkommen aus dem Ausland nicht dominiert. Dies ist aber um so weniger gewährleistet, je zinsreagibler die Nachfrage nach Auslandsaktiva ist.

Zusammenfassend können wir festhalten: Wie im Mundell-Fleming-Modell kann durch Kapitalbewegungen eine Zahlungsbilanzanpassung nicht vereitelt werden. Anders als dort, ist nun aber ein destabilisierender Einfluß der Leistungsbilanz denkbar. Dies ist darauf zurückzuführen, daß nun Zinseinkommen aus dem Ausland berücksichtigt werden. Diese steigen, wenn dem Inland mehr Devisenreserven zufließen. Dominiert dieser Effekt nicht, wird ein Anpassungsprozeß stattfinden, der schließlich eine ausgeglichene Zahlungsbilanz ermöglicht. Wiederum entspricht dem Zahlungsbilanzgleichgewicht eine ausgeglichene Leistungsbilanz.

3.2.3.2.2 Wirtschaftspolitische Maßnahmen zur Realisierung von internem und externem Gleichgewicht

Zahlungsbilanzgleichgewicht bedeutet eine ausgeglichene Leistungsbilanz. Analog zur IS- und LM-Kurve können wir diese Bedingung als ZZ-Kurve graphisch abbilden. Wie Gleichung (5) in Verbindung mit (6a) zeigt, hat die ZZ-Kurve eine **negative** Steigung. Ein **höherer** Zinssatz im Inland führt zu einem Abbau von Auslandsaktiva und damit zu sinkenden Zinseinkommen aus dem Ausland. Die Folge ist ein Defizit in der Leistungsbilanz. Um dieses auszugleichen, ist ein Handelsbilanzüberschuß notwendig, induziert durch einen Einkommens**rückgang**. Oberhalb der ZZ-Kurve liegt ein Zahlungsbilanzdefizit vor, unterhalb der ZZ-Kurve ein Überschuß.

Im Mundell-Fleming-Modell lag oberhalb der Z-Kurve ein Zahlungsbilanz**überschuß** vor. Der Unterschied ist darauf zurückzuführen, daß dort Kapitalbewegungen ein permanentes Phänomen sind. Übersteigt der Inlandszins den Wert, der zum Ausgleich der Zahlungsbilanz notwendig ist, ist der **Kapitalimport** größer als ein zugehöriges Leistungsbilanzdefizit, und die Zahlungsbilanz wird überschüssig.

Im vorliegenden Strom-Bestands-Ansatz dagegen sind Zahlungs- und Leistungsbilanzgleichgewicht identisch. In jedem Zeitpunkt ist die Änderung von B' im Zeitablauf gleich Null. Abweichungen von der ZZ-Kurve beschreiben dann ein Ungleichgewicht in der Leistungsbilanz. Ist i größer als zum Ausgleich von CC erforderlich ist, bedeutet dies: Die Zinseinkommen aus dem Ausland sind zu gering, um ein bestehendes Handelsbilanzdefizit auszugleichen.

Betrachten wir nun exemplarisch das Zusammentreffen von Zahlungsbilanz**defizit** mit einem internen Gleichgewicht. Hierbei müssen wir die folgenden Konstellationen unterscheiden:

Abbildung (16a)

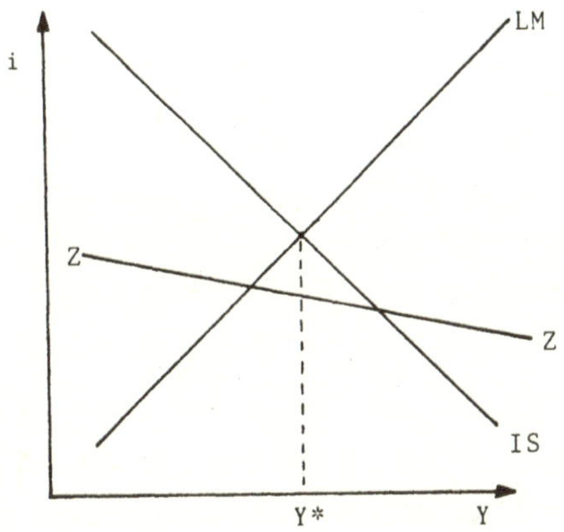

Abbildung (16b)

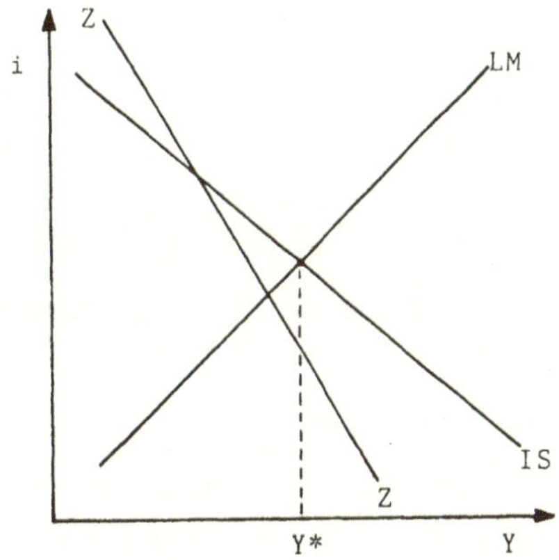

In Abbildung (16a) verläuft die ZZ-Kurve flacher als die IS-Kurve. Das bedeutet: Sinkt der Inlandszins, so ist zum Ausgleich der Zahlungsbilanz ein höherer Einkommensanstieg erforderlich als zur Wiederherstellung von Gütermarktgleichgewicht. Wir erkennen, daß in diesem Fall eine **expansive Geldpolitik** notwendig ist, um ein Defizit in der Zahlungsbilanz herbeizuführen. Im Zuge einer expansiven Geldpolitik geht der Zinssatz zurück. Damit verbunden ist eine Aufstockung von Auslandaktiva. Zahlungsbilanzausgleich im Strom-Bestands-Modell bedeutet einen Ausgleich der Leistungsbilanz. Die Aufstockung des Bestandes an Auslandsaktiva zeigt ihre Wirkung auf die Leistungsbilanz über steigende Zinseinkommen aus dem Ausland. Das Defizit in der Zahlungsbilanz wird dadurch vermindert. Andererseits nimmt mit dem Einkommen die Importnachfrage zu. Wenn allerdings die IS-Kurve steiler verläuft als die ZZ-Kurve , ist der Einkommensanstieg zu gering, um per Saldo das anfängliche Zahlungsbilanzdefizit zu verstärken.

In Abbildung (16b) ist hingegen zum Zahlungsbilanzausgleich eine **kontraktive Geldpolitik** notwendig. Hier dominiert der Einkommenseffekt geldpolitischer Maßnahmen. Die Abbildungen zeigen uns ferner, daß unabhängig vom relativen Steigungsmaß der LM- und ZZ-Kurve stets eine **kontraktive Fiskalpolitik** erforderlich ist, um die Zahlungsbilanz auszugleichen. Die mit sinkenden Staatsausgaben verbundene Einkommenssenkung und der begleitende Zinsrückgang wirken in dieselbe Richtung.

Angenommen, das in den obigen Abbildungen dargestellte Gleichgewicht beschreibe Vollbeschäftigung. Dann wird wie im Mundell-Fleming-Modell deutlich, daß internes und externes Gleichgewicht nur durch eine Kombination geld- und fiskalpolitischer Maßnahmen herbeigeführt werden kann. Verläuft die IS-Kurve **steiler** als die ZZ-Kurve, müssen eine **expansive** Geld- und eine **kontraktive** Fiskalpolitik kombiniert werden. Dasselbe ist der Fall für eine relativ flacher verlaufende IS-Kurve. Der Unterschied liegt allerdings darin begründet, daß in der rechten Abbildung geldpolitische Maßnahmen allein auf die binnenwirtschaftliche Stabilität gerichtet sind, während sie in der linken Abbildung auch zum Ausgleich der Zahlungsbilanz beitragen.

Zusammenfassend können wir festhalten: Während im Mundell-Fleming-Modell die Geldpolitk stets auf die außenwirtschaftliche Stabilisierung ausgerichtet ist, trifft dies im Strom-Bestands-Ansatz nicht mehr zu. Ursache hierfür ist die in Strom-Bestands-Modellen getroffene Annahme, daß Kapitalbewegungen nur ein temporäres Phänomen sind. Sie können also nicht manipuliert werden, um dauerhaft eine ausgeglichene Zahlungsbilanz zu gewährleisten. Im Mittelpunkt steht vielmehr die Leistungsbilanz. Somit aber kommt es darauf an, Handelsbilanz und Zinszahlungen aus dem Ausland zu verändern.

3.2.3.3 Implikationen staatlicher Budgetdefizite für den Zahlungsbilanzanpassungsprozeß

Unter Berücksichtigung kreditfinanzierter staatlicher Budgetdefizite ändert sich das Modell wie folgt:

$$(1)\quad W = Re + B + B'e$$

$$(2)\quad M = L(i, i', Y, W)$$

$$(3)\quad B'e = F(i, i', W) = B'(i, i', B, Re)$$

$$(4)\quad Y = C(Y^V, W) + \overline{A}^{St} + tB'ei' - (1-t)(B - B^Z)i$$

$$(5)\quad Y^V = (1-t)[Y + B'ei' + (B - B^Z)i]$$

$$(6)\quad PC = TC(Y, Y', e) + B'ei' - \dot{B}'e = \dot{R}e$$

$$(7)\quad \dot{B} = \overline{A}^{St} - tY$$

Für die Bestimmungsfaktoren der Kapitalbewegungen folgt nun:

$$(8)\quad \dot{B}e = \frac{F_i\dot{i} + F_W\dot{B} + F_W\dot{R}e}{1 - F_W} \qquad e = e_0$$

Bei vollständiger Substitutivität von in- und ausländischen Aktiva konnte der Staat zu gegebenem Weltzinssatz sein Budgetdefizit am Weltkapitalmarkt finanzieren. Dies ist nun nicht mehr der Fall. Staatliche Wertpapieremissionen induzieren einen Zinsanstieg pro Zeiteinheit im Inland. Damit verbunden ist ein Anreiz für Inländer, diese Staatspapiere zu kaufen. Es findet eine Umstrukturierung zu Lasten von Auslandsaktiva statt. Es entsteht ein **Kapitalimport**. Andererseits steigt mit dem Kauf der Inlandspapiere das Vermögen. Via Vermögenseffekt werden Kapitalexporte induziert. Je enger die Substitutionsbeziehung zwischen In- und Auslandsaktiva ist, um so wahrscheinlicher ist eine Dominanz des Zinseffektes.

Um die Systemdynamik zu analysieren, ist es zunächst wichtig zu wissen, wie sich Y und i in Abhängigkeit von B ändern: Ein Anstieg des Staatsschuldenstandes verschiebt die LM-Kurve nach links. Nicht eindeutig ist hingegen die Reaktion der IS-Kurve. Eine Rechtsverschiebung tritt ein, wenn der Vermögenseffekt auf den Konsum genügend groß ist. Diesen Fall wollen wir unterstellen. Das Sozialprodukt nimmt dann mit dem Staatsschuldenstand zu. Ebenso steigt der Zinssatz. Die Reaktion von Y und i auf Änderungen der Devisenreserven bleibt gegenüber dem im vorangehenden Abschnitt analysierten Modell unverändert.

$$(2a)\quad i = i\left(\underset{-}{Re}, \underset{+}{B}\right)$$

$$(4a)\quad Y = Y\left(\underset{+}{Re}, \underset{+}{B}\right)$$

Setzen wir $\dot{B}$ gleich Null, erhalten wir den geometrischen Ort aller (Re,B) -Kombinationen, für die der Staatshaushalt ausgeglichen ist (DD-Kurve):

$$(9)\quad \overline{A}^{St} = tY\left(\underset{+}{B}, \underset{+}{Re}\right)$$

Die DD-Kurve hat eine negative Steigung.

Abbildung (17)

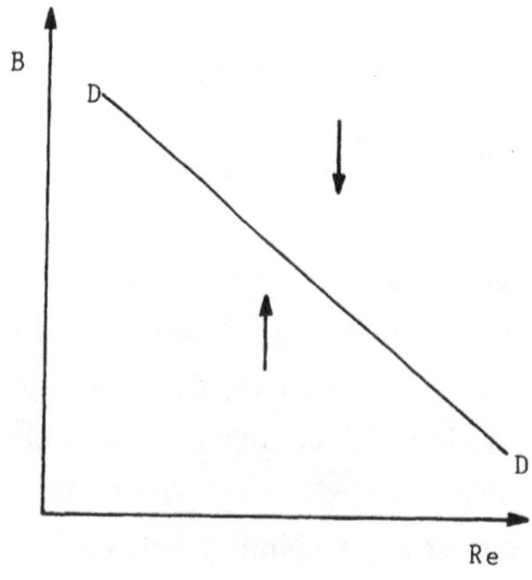

Punkte unterhalb der Kurve zeigen ein Budgetdefizit, Punkte oberhalb der BB-Kurve ein Budgetüberschuß auf.

Analog können wir eine Kurve der (Re,B) -Kombinationen konstruieren, für die die Zahlungsbilanz ausgeglichen ist. Ausgangspunkt ist die Zahlungsbilanzgleichung unter Einbeziehung der Bestimmungsfaktoren für Kapitalbewegungen:

$$(6a)\quad \dot{Re} = \frac{1-F_W}{1+F_i\frac{\partial i}{\partial Re}}[TC(Y,Y',e)+B'(i,i',B,Re)i'] - \left[\frac{\left(F_i\frac{\partial i}{\partial B}+F_W\right)}{1+F_i\frac{\partial i}{\partial Re}}(\overline{A}^{St}-tY)\right]$$

Ob ein staatliches Budgetdefizit einen Devisenzufluß oder eine Devisenabfluß induziert, ist mithin nicht eindeutig zu beantworten. Ersteres ist dann der Fall, wenn es infolge einer starken Zinselastizität der Nachfrage nach Auslandsaktiva und/oder einem hohen Zinsanstieg zu einem Kapitalimport kommt. Dominiert dagegen der Vermögenseffekt, kommt es zu einem Kapitalexport und somit zu einem Abfluß von Devisen. Setzen wir PC gleich Null, gelangen wir im (B,Re) -Koordinatensystem zur ZZ-Kurve. Ihre Steigung hängt zum einen davon ab, wie die Zahlungsbilanz auf eine Änderung des Staatsschuldenstandes reagiert: Steigt B , nimmt Y zu. Damit verbunden ist ein Anstieg der Importnachfrage. Mit B nimmt auch der Inlandszins zu. Aufgrund von Vermögensumstrukturierungen sinken die Zinseinkommen aus dem Ausland. Beide Effekte senken einen bestehenden Leistungsbilanzüberschuß bzw. erhöhen ein -defizit. Andererseits nimmt mit B über den Vermögenseffekt auch der Bestand an Auslandsaktiva zu. Wir wollen unterstellen, daß dieser Effekt nicht dominiert.

Wie die Kapitalbewegungen reagieren, ist nicht eindeutig. Ein steigender Staatsschuldenstand kann sowohl zu Kapitalimporten als auch zu -exporten führen. Insgesamt bleibt damit offen, wie die Zahlungsbilanz auf eine Änderung des Staatsschuldenstandes reagiert. Hingegen kann davon ausgegangen werden, daß z. B. ein bestehender Zahlungsbilanzüberschuß durch steigende **Devisenreserven** abgebaut wird.

Die ZZ-Kurve kann somit eine positive oder eine negative Steigung haben:

Abbildung (18a)

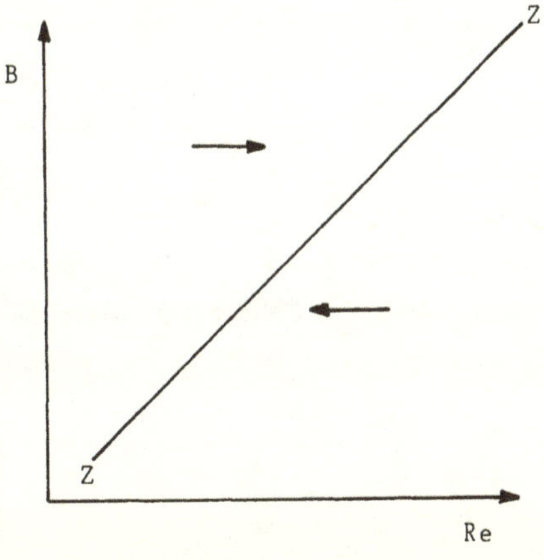

Abbildung (18b)

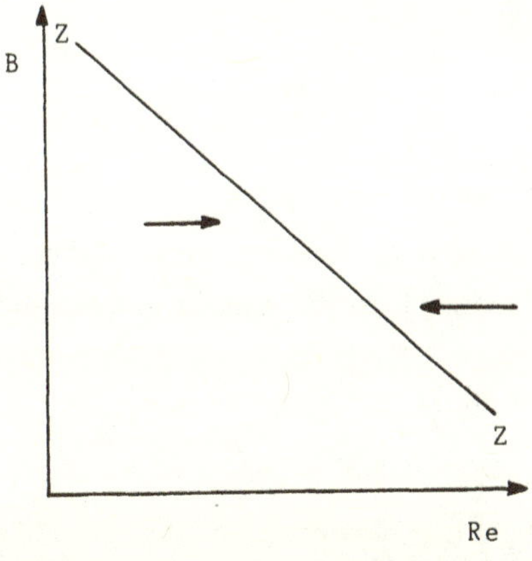

Führt ein steigender Staatsschuldenstand zu einem **Kapitalimport**, der groß genug ist, um insgesamt einen Devisenzufluß auszulösen, hat die ZZ-Kurve eine positive Steigung. Punkte oberhalb der Kurve repräsentieren einen Überschuß, Punkte unterhalb der Kurve ein Defizit in der Zahlungsbilanz. Dominiert hingegen die Reaktion der Leistungsbilanz, bzw. setzt ein **Kapitalexport** ein, hat die ZZ-Kurve negative Steigung. Punkte unterhalb der Kurve bilden einen Überschuß, Punkte oberhalb der Kurve ein Defizit in der Zahlungsbilanz ab.

Bringen wir nun beide Kurven zusammen, erhalten wir die folgenden Konstellationen:

Abbildung (19a)

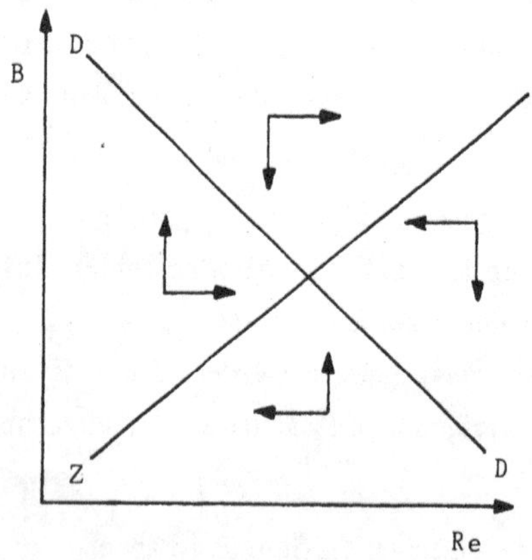

Abbildung (19b)

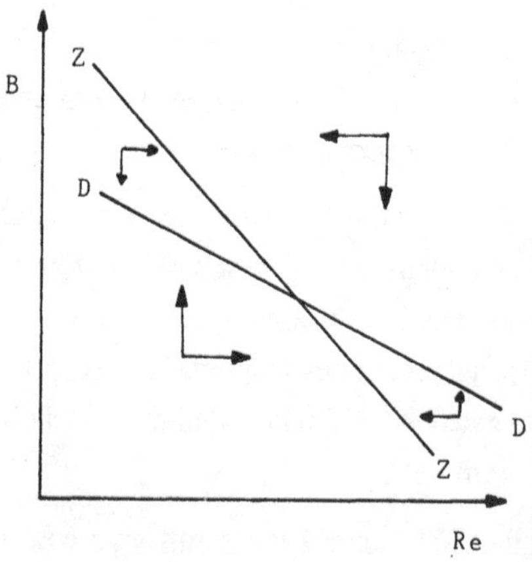

Betrachten wir zunächst die Abbildung (19a): Weist die ZZ-Kurve eine positive Steigung auf, ist das System offensichtlich global stabil. Im Falle eines Ungleichgewichts im Staatshaushalt und in der Zahlungsbilanz kommt es zu einem automatischen Anpassungsmechanismus. Dasselbe trifft zu in Abb. (19b). Die DD-Kurve verläuft hier steiler als die ZZ-Kurve [1].

Dagegen zeigt die Abb. (19c) eine Sattelpunktlösung.

Abbildung (19c)

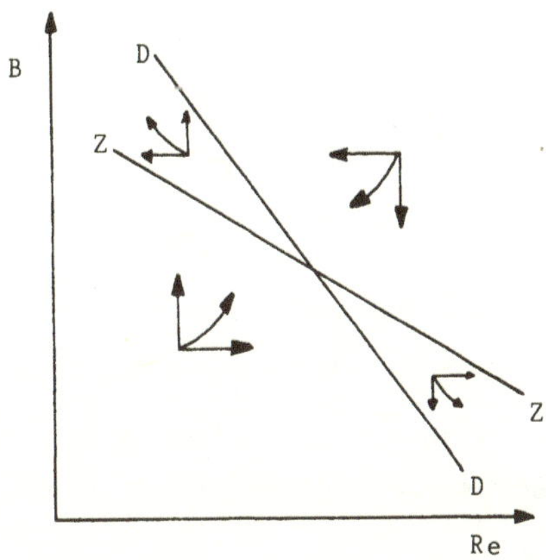

Wir erkennen, daß nun Kapitalbewegungen durchaus mitentscheiden, ob eine Zahlungsbilanzanpassung erreicht wird. Destabilisierend wirken Budgetdefizite immer dann, wenn ein steigender Staatsschuldenstand einen Kapitalexport zur Folge hat.

3.2.4 Zusammenfassende Kritik und Bemerkungen zu diskreten Strom-Bestands-Modellen

In den vorangehenden Modellen wird als kleinste betrachtete Zeiteinheit ein **Zeitpunkt** gewählt. Es wird dabei überwiegend die Ansicht vertreten, in einem betrachteten Zeitpunkt gehe weder von der Ersparnis noch von Investitionen,

1) Vgl. zur Stabilitätsanalyse den mathematischen Anhang.

Budgetdefiziten oder der Zahlungsbilanz ein Einfluß auf das Vermögen aus. Hiermit wird die Existenz einer **Vermögensrestriktion** begründet. Grundlage bildet sehr oft die folgende Überlegung[1]:

Begonnen wird mit einer Periodenbetrachtung. Zu Beginn der Periode t setzt sich die Kaufkraft eines Haushalts aus dem Anfangsbestand des Vermögens und dem Einkommen zusammen. Das Vermögen ist eine Bestands- das Einkommen eine Stromgröße. Addiert werden dürfen beide nur, wenn die pro Zeiteinheit erzielten Einkommen mit der Periodenlänge multipliziert werden. Dasselbe trifft zu für den Konsum. Vernachlässigen wir Zinseinkommen, so können wir für die Budgetrestriktion schreiben:

$$(1) \quad M(t)+B(t)+y\Delta t \quad = \quad c\Delta t+M^*(t+1)+B^*(t+1)$$

y ist das pro Zeiteinheit erzielte Einkommen, c der Konsum pro Zeiteinheit. M^* und B^* symbolisieren die am Ende von t angestrebten Vermögensbestände.

Im nächsten Schritt wird der Übergang zur kontinuierlichen Betrachtung vollzogen, indem von Gleichung (1) der Grenzwert gebildet wird.

$$(2) \quad \lim_{\Delta t \to 0}(\text{Gleichung1}) \quad = \quad (y-c)\Delta t \quad = \quad 0$$

Gleichzeitig wissen wir, daß der Teil des Einkommens, der nicht konsumiert wird, mit der Ersparnis identisch ist:

$$(3) \quad s \quad = \quad y-c$$

Somit gilt auch:

$$(2a) \quad \underset{\lim \Delta t \to 0}{s\Delta t} \quad = \quad 0$$

Daraus wird gefolgert:

$$(4) \quad M^*(t+1)+B^*(t+1) \quad = \quad M(t)+B(t)$$

Daraus wiederum wird auf die Existenz einer Vermögensrestriktion geschlossen, mit der Konsequenz, daß die Ersparnis im Entstehungszeitpunkt keine Auswirkung auf die Vermögensnachfrage hat und somit die Renditen unbeeinflußt läßt. Analog folgt aus dieser Betrachtungsweise, daß Budgetdefizite des Staates und ein Saldo der Zahlungsbilanz in ihrem Entstehungszeitpunkt den Vermögenssektor nicht tangieren.

1) Diese Überlegung geht auf May (1970) zurück.

Gegen diese Sichtweise kann das Folgende eingewendet werden: *s* ist die pro Zeiteinheit gewünschte Vermögensakkumulation. Sie umfaßt den Teil des pro Zeiteinheit erzielten Einkommens, der nicht konsumiert wird. Dieser aber ist **sachlogisch mit einer Zunahme der Nachfrage nach Vermögen pro Zeiteinheit verbunden**: In der Regel erzielt der Haushalt sein Einkommen in Geldeinheiten. In dem Umfang, in dem er die gesparten Einkommensteile in seiner Kasse läßt, steigt seine Geldnachfrage. Kauft er dafür Wertpapiere, nimmt die Nachfrage nach Wertpapieren zu. Analoges gilt für die Finanzierungseffekte von staatlichen Budgetdefiziten, Investitionen und Zahlungsbilanzen. Es ist somit nicht zulässig, die von der Ersparnis, Budgetdefiziten, Investitionen etc. ausgehenden Wirkungen auf Vermögensangebot und -nachfrage bereits in ihrem Entstehungszeitpunkt zu vernachlässigen. Von einigen Ökonomen wird deshalb die Auffassung vertreten, man könne den monetären und den realen Sektor konsistent nur in einem **Periodenmodell** abbilden [1)]. Im folgenden sollen an einem Modellbeispiel die Konsequenzen daraus skizziert werden. Hierbei wird auf eine ausführliche Darstellung deshalb verzichtet, da diese Modelle gewissermaßen ein Schattendasein führen. Vereinfachend vernachlässigen wir staatliche Budgetdefizite. Wie zuvor gehen wir von einem konstanten Kapitalstock aus. Ferner vernachlässsigen wir Kapitalbewegungen, da diese uns zu Differenzengleichungssystemen zweiter Ordnung führen würden.

Ausgangspunkt ist die Annahme, daß die Haushalte nun über Höhe und Struktur ihres Vermögens **simultan** entscheiden. Somit folgt für ihre Budgetrestriktion:

$$(1)\quad Y_t + M_{t-1} + B^H_{t-1} i_t (1-t) - T_t \;=\; C_t + M^d_t + B^d_t$$

Hierbei symbolisiert T die zu zahlenden Steuern, die wir nun nicht näher präzisieren wollen. Die linke Seite von (1) bildet die zu Beginn von t verfügbare Kaufkraft ab, die rechte Seite ihre Verwendung. M^d_t, B^d_t beschreiben die zum Ende von t angestrebten und nachgefragten Bestände an Kasse und Wertpapieren. Hierbei werden in der Regel die folgenden Funktionszusammenhänge unterstellt:

$$(2)\quad M^d_t \;=\; L\Big(\underset{-}{i_t}, \underset{-}{i'}, \underset{+}{Y_t}, \underset{+}{W_{t-1}}\Big)$$

$$(3)\quad C_t \;=\; C\Big(\underset{+}{Y_t}, \underset{-}{T_t}, \underset{+}{W_{t-1}}\Big)$$

1) Vgl. I. Größl-Gschwendtner 1990, H.J. Jarchow, P. Rühmann 1982, Teil I, S. 249 ff.

Aufgrund der in (1) abgebildeten Budgetrestriktion ist damit auch die Nachfrage nach inländischen Wertpapieren bestimmt. Wiederum taucht das Vermögen als Argument in den Vermögensnachfragefunktionen auf. Dies läßt sich aber nicht länger mit der Vermögensrestriktion begründen. Sie existiert ja nicht mehr. Ausschlaggebend ist nun vielmehr die unterstellte Vermögensabhängigkeit der Ersparnis: Danach führt jeder Vermögensanstieg zu verringertem Sparen. Infolgedessen steigt mit W_{t-1} zwar die Nachfrage nach den einzelnen Vermögensbeständen, aber unterproportional.

(4) $W_{1-1} \;=\; B^H_{t-1}+M_{t-1}$

B^H bezeichnet den Bestand an Inlandspapieren in Händen der Haushalte. Er wird bestimmt durch den gesamten Wertpapierbestand abzüglich dem Anteil der Zentralbank.

(5) $B^H_t \;=\; B_t-B^Z_t$

Hierbei unterstellen wir:

(6) $\Delta B_t \;=\; \Delta B^Z_t \;=\; 0$

Für die Geldmenge folgt:

(7) $M_t \;=\; R_t e+B^Z_t$

(8) $R_t e \;=\; eR_{t-1}+PC_t$

(9) $PC_t \;=\; TC(Y_t, Y', e)$

Stets herrsche Gleichgewicht auf dem Geld- und Gütermarkt. Damit besteht auch Übereinstimmung von Angebot und Nachfrage auf dem Wertpapiermarkt:

(10) $M_t \;=\; M^d_t$

(11) $Y_t \;=\; C_t+A^{St}_t+TC_t+I(i_t)$

Der wichtigste Unterschied zu kontinuierlichen Modellen ist darin zu sehen, daß nun bereits im **Entstehungszeitpunkt** ein Zahlungsbilanzungleichgewicht die Geldmenge verändert. **Ein Überschuß in der Zahlungsbilanz, der in *t* entsteht, hat also bereits in *t* einen Anstieg der Geldmenge zur Folge**. Damit wird bereits im Entstehungszeitpunkt ein Zahlungsbilanzanpassungsprozeß eingeleitet. Dieser wird wie in kontinuierlichen Modellen in den folgenden Perioden durch die Geldmengenabhängigkeit des Zahlungsbilanzsaldos getragen. In unserem vereinfachten Modell spielt eine positive Korrelation zwischen Einkommen und Geldmenge die zentrale Rolle. Ein Zahlungsbilanzüberschuß, der die Geldmenge erhöht, führt in den folgenden Perioden zu einer Zunahme des Einkommens, was wiederum zu einem Anstieg der Importnachfrage führt.

3.3 Der monetäre Zahlungsbilanzansatz [1)]

Der monetäre Zahlungsbilanzansatz wurde Ende der 60er Jahre von H.G. Johnson entwickelt. Bei diesem Ansatz handelt es sich um eine Erweiterung des **Absorptionsmodells**, und zwar dergestalt, daß nun die **Anlagestruktur der Ersparnis** berücksichtigt wird. Im einfachsten Fall, mit dem wir beginnen wollen, wird immer dann gespart, wenn angestrebter und tatsächlicher Kassenbestand divergieren. Werden Wertpapiere berücksichtigt, wird eine vollständige Substitutionsbeziehung zwischen in- und ausländischen Bonds unterstellt. Allerdings ist diese Annahme nicht zwingend für die den monetären Ansatz charakterisierende Hypothese. Danach wird ein **Geldmarktungleichgewicht** als zentrale Ursache für ein Ungleichgewicht in der Zahlungsbilanz in den Mittelpunkt gerückt. Ein Zahlungsbilanzungleichgewicht ist im Rahmen dieses Ansatzes ausschließlich ein monetäres Phänomen.

3.3.1 Der einfachste Fall

Im einfachsten Fall bleiben Wertpapiere unberücksichtigt, von Staatsaktivitäten und Investitionen wird abstrahiert. Ferner existieren nur Güter, die international gehandelt werden. Bei der betrachteten Volkswirtschaft handelt es sich um ein kleines Land, in dem stets Vollbeschäftigung herrscht. Ebenso wie im Absorptionsansatz wird zwischen in- und ausländischen Gütern eine vollständige Substitutionsbeziehung unterstellt, und es gilt stets für In- und Ausland ein gemeinsamer Preis:

(1) $P = P'e$

1) H.G. Johnson 1969, wiederabgedruckt in: J.A. Frenkel, H.G. Johnson 1976. R. Dornbusch 1973a u. b, M. Mussa 1974, I. Größl 1986, S. 15 ff.

Gemäß der Kleine-Land-Annahme, übt die Volkswirtschaft weder mit ihrem Angebot noch mit ihrer Nachfrage einen Einfluß auf die Weltmarktpreisentwicklung aus.

Die Haushalte entscheiden in jedem Augenblick über die Verwendung ihres Einkommens, das aufgrund der Vollbeschäftigungsannahme konstant ist. Verwendungsalternativen sind Konsum und Kassenaufbau.

(2) $Y = \overline{Y} = C + S$

Sparen ist mit Horten, d.h. mit dem Aufbau von Kassenbeständen identisch:

(3) $S = \dot{M}^d$

Wie im Absorptionsansatz wird ein Überschuß (Defizit) in der **Handelsbilanz** durch einen Überschuß der heimischen Produktion (heimischen Nachfrage) über die heimische Nachfrage (heimische Produktion) **verursacht**. In unserem Modell entsprechen Handels- und Zahlungsbilanz einander:

(4) $PC = Y - C$

Aufgrund der Budgetrestriktion können die Haushalte nur über eine der beiden Verwendungsalternativen - C oder S - unabhängig entscheiden. Legen die Haushalte C fest, ist damit auch der Umfang des gewünschten Kassenaufbaus durch die Differenz zwischen Y und C bestimmt. Wäre der Konsum unabhängig von monetären Faktoren wie der (realen) Geldmenge, dann wäre der Saldo in der Zahlungsbilanz offensichtlich ausschließlich ein reales Phänomen. **Konstitutiv** hingegen für den monetären Ansatz ist die Hypothese, daß der Konsum eine **Restgröße** darstellt. Gehortet wird, um den tatsächlichen Kassenbestand sukzessive an das angestrebte Niveau anzupassen. Letzterem liegt im einfachsten Fall das Transaktionsmotiv zugrunde: Nur das Einkommen wird als Determinante berücksichtigt:

(5) $S = \alpha\left[M^*\left(\underset{+}{Y}\right) - \frac{M^n}{P}\right] \qquad 0 < \alpha < 1$

(2a) $C = Y - \alpha\left[M^*(Y) - \frac{M^n}{P}\right]$

M^n = nominelle Geldmenge.

Damit aber wird ein Saldo in der Zahlungsbilanz ausschließlich durch eine Divergenz zwischen angestrebter und tatsächlicher Kassenhaltung bestimmt. Im Falle eines konstanten Geldangebots ist das gleichbedeutend mit einem **Ungleichgewicht auf dem Geldmarkt.**

$$(4a) \quad PC = \alpha\left[M^{*}(Y) - \frac{M^{n}}{P}\right]$$

Wollen die Inländer mehr Kasse halten, als ihnen zur Verfügung steht, werden sie Teile ihres Einkommens horten. Damit verbunden ist ein Überschuß der heimischen Produktion über die heimische Nachfrage, der auf dem Weltmarkt abgesetzt werden kann. Es entsteht ein Überschuß in der Zahlungsbilanz. Dies wiederum ist identisch mit einem Überangebot an Devisen. Die Zentralbank wird intervenieren; und im Gegenzug wird die Geldmenge steigen:

$$(6) \quad \frac{\dot{M}^{n}}{P} = \alpha\left[M^{*}(Y) - \frac{M^{n}}{P}\right]$$

Steigt aber die Geldmenge bei unverändertem Preisniveau, wird dadurch der Überschuß der angestrebten über die tatsächliche Kassenhaltung vermindert. Der inländische Konsum steigt, und der Überschuß der Zahlungsbilanz sinkt entsprechend. Somit kommt es auch im Rahmen des monetären Ansatzes zu einem automatischen Zahlungsbilanzanpassungsprozeß, der allerdings die inländische Produktion und das inländische Preisniveau unverändert läßt. **Mithin existiert auch kein Zielkonflikt zwischen internem und externem Gleichgewicht.** Dies gilt im übrigen auch, wenn wir das Sozialprodukt endogenisieren. Unterstellt wird nämlich ein neoklassischer Arbeitsmarkt, auf dem ein flexibler Reallohn stets für ein Gleichgewicht sorgt, wobei weder Arbeitsangebot noch -nachfrage von der Geldmenge abhängen.

Dauert es den wirtschaftspolitischen Entscheidungsträgern zu lange, bis z. B. ein Zahlungsbilanzüberschuß abgebaut ist, bietet sich eine **Aufwertung** an. Hierdurch wird der Bestand an "real balances" vergrößert. Im Unterschied zum Elastizitätsansatz ist der beabsichtigte Erfolg einer Aufwertung gewiß. Eine andere Möglichkeit besteht in einer expansiven Geldpolitik, die im Falle eines kleinen Landes preisneutral abläuft.

Im folgenden Abschnitt wollen wir untersuchen, welche Modifikationen eintreten, wenn wir an die Stelle des kleinen ein **großes Land** setzen.

3.3.2 Implikationen eines großen Landes

Ein großes Land beeinflußt mit seinem Angebot und seiner Nachfrage die Preisbildung auf dem Weltmarkt. Weltmarktgleichgewicht ist erreicht, wenn einem Überschuß der inländischen Produktion über die Nachfrage der Inländer ein Überschuß der ausländischen Nachfrage über die ausländische Produktion entspricht.

$$(1) \quad Y - C = C' - Y' \quad ^{1)}$$

Im Weltmarktgleichgewicht kommt es zur Herausbildung eines gemeinsamen Preises.

$$(2) \quad P = P'e$$

Für das Ausland wird ebenso unterstellt, daß Sparen mit Horten identisch ist, wobei ein Aufbau der Kassenhaltung dazu dient, den tatsächlichen Geldbestand sukzessive an das angestrebte Niveau heranzuführen. Weltmarktgleichgewicht umfaßt dann zugleich:

$$(1a) \quad \dot{M}^d = -\dot{M}^{d'}$$

$$(1b) \quad \alpha\left[M^*(Y) - \frac{M^n}{P'e}\right] = -\alpha'\left[M^{*'}(Y') - \frac{M^{n'}}{P'}\right]$$

Wie im Modell zuvor wird ein Saldo in der Zahlungsbilanz durch eine Divergenz zwischen angestrebter und tatsächlicher Kassenhaltung induziert. Einem Zahlungsbilanzüberschuß des Inlandes, induziert durch einen Überschuß der angestrebten über die tatsächliche Kassenhaltung, entspricht dabei ein Defizit des Auslandes.

$$(3) \quad PC = -PC'$$

Ein Zahlungsbilanzüberschuß des Inlands führt dort wiederum zu einem Anstieg der Geldmenge. Ihm entspricht eine Verminderung der Geldmenge im Ausland. **Zahlungsbilanzungleichgewichte führen somit zu einer Umverteilung der Weltgeldmenge.** Dies gilt im übrigen unabhängig vom monetären Ansatz.

$$(4) \quad \dot{M}^n = -\dot{M}^{n'}e$$

Anders als in einem kleinen Land verläuft nun aber der Anpassungsprozeß nicht mehr in jedem Fall preisneutral. Gehen wir wieder exemplarisch von einem inländischen Zahlungsbilanzüberschuß aus, demzufolge die Geldmenge im Inland zu- und

1) Mit " ' " kennzeichnen wir ausländische Größen.

im Ausland abnimmt. Inländische Wirtschaftssubjekte erhöhen daraufhin ihre Nachfrage auf dem Weltgütermarkt, während Ausländer sie vermindern. Ist nun die Nachfrageausdehnung der Inländer größer als die Reduzierung der Ausländer, wird das Preisniveau steigen, im umgekehrten Fall sinken. Wann welcher Fall eintritt, können wir ermitteln, wenn wir die Gleichgewichtsbedingung (1b) nach P' auflösen und unter Berücksichtigung von (4) nach der Zeit differenzieren. Dann erhalten wir:

$$(5)\quad \dot{P}' = \frac{(\alpha-\alpha')}{\alpha M+\alpha' M}\,\dot{M}^n \qquad M = \frac{M^n}{P'e}$$

Entscheidend für das Preisverhalten ist offensichtlich eine Divergenz zwischen der Geschwindigkeit, mit der in beiden Ländern die tatsächlichen an die angestrebten Bestände angepaßt werden. Weist das Land mit einem Zahlungsbilanzüberschuß eine höhere Anpassungsgeschwindigkeit auf, verläuft der Zahlungsbilanzanpassungsprozeß inflationär.

Geldmengenänderungen führen eine ausgeglichene Zahlungsbilanz in beiden Ländern herbei. Dauert es den Trägern der Wirtschaftspolitik zu lange, bis dieser Zustand erreicht wird, wäre auch hier wieder zu überlegen, ob nicht zu expanssiven geldpolitischen Maßnahmen gegriffen werden sollte. Erhöht z. B. das Inland die Geldmenge isoliert, so kann dadurch zwar ein Anstieg der realen Kasse erreicht werden. Die inländische Nachfrage auf dem Weltmarkt steigt entsprechend. Andererseits steht diesem Nachfrageanstieg kein Rückgang im Ausland gegenüber. Es kommt nun mit Sicherheit zu Preissteigerungen. Isolierte geldpolitische Maßnahmen führen also auf jeden Fall zu einem Konflikt zwischen interner und externer Stabilität. Einen Ausweg bietet hier die internationale Koordination geldpolitischer Maßnahmen.

3.3.3 Implikationen von Binnengütern

Nun wollen wir reine Binnengüter berücksichtigen. Wir unterstellen eine Zwei-Güter-Volkswirtschaft, die auf der Transformationskurve produziert. Die Produktion des "tradeables" wie des Binnengutes hängen vom relativen Güterpreis ab. Zur Veranschaulichung unterstellen wir ein **kleines Land**.

$$(1)\quad Y_T = Y_T(\underset{-}{q})$$

$$(2)\quad Y_N = Y_N(\underset{+}{q})$$

$$(3) \quad q = \frac{P_N}{P_T}$$

Y_N bezeichnet die Produktion des Binnengutes. Sie sinkt, wenn das international gehandelte Gut relativ teurer wird. Umgekehrt verhält es sich mit dem "tradeable". Exemplarisch definieren wir nun den relativen Preis (q) als Quotienten aus dem Preis für das Binnengut (P_N) und dem Preis für das international gehandelte Gut (P_T). Da die Volkswirtschaft auf der Transformationskurve produziert, gilt:

$$(4) \quad \frac{dY_T}{dq} = -\frac{dY_N}{dq}q$$

Für das Realeinkommen erhalten wir:

$$(5) \quad Y = Y_T(q) + Y_N(q)q$$

Dieses Realeinkommen verwenden die Haushalte, um zu horten und um die beiden Güter nachzufragen:

$$(6) \quad Y = C_T + C_N q + S$$

$$(7) \quad S = \alpha\left[M^*(Y) - \frac{M^n}{P_T}\right]$$

(5) in (6) eingesetzt, führt uns zur gesamtwirtschaftlichen Budgetrestriktion:

$$(8) \quad (Y_T - C_T) + (Y_N - C_N)q = \alpha\left[M^*(Y) - \frac{M^n}{P_T}\right]$$

Ein Überschuß der inländischen Produktion über die inländiche Nachfrage nach dem "tradeable" führt wiederum zu einem Überschuß in der Zahlungsbilanz, wobei P_T durch den Wechselkurs und durch den Weltmarktpreis bestimmt wird.

$$(9) \quad P_T = P'_T e$$

$$(10) \quad PC = Y_T - C_T$$

Dies bedeutet nun allerdings nicht mehr notwendigerweise, daß ein Zahlungsbilanzungleichgewicht durch eben dieses Horten und damit durch ein Geldmarktungleichgewicht **verursacht** wird.

Ausgangspunkt unserer Überlegungen ist die Budgetrestriktion der Haushalte. Ist der Umfang des Hortens bestimmt, kann nur noch über eine der beiden Größen - C_T oder C_N - unabhängig entschieden werden. Angenommen, es gilt:

$$(11-1) \quad C_T = C_T\left(\underset{+}{q}, \underset{+}{Y}\right)$$

Für die Nachfrage nach dem Binnengut folgt dann:

$$(6-2) \quad C_N q = (Y_N q + Y_T) - C_T(q, Y) - \alpha\left[M^*(Y) - \frac{M^n}{P_T}\right]$$

Angenommen, im Ausgangszustand werde nicht gehortet und der Binnengutmarkt sei im Gleichgewicht. Die Zahlungsbilanz ist dann ausgeglichen. Nun gehe M^n zurück. Da der angestrebte den tatsächlichen Kassenbestand übersteigt, horten die Haushalte. Dies induziert aber nun kein Ungleichgewicht der Zahlungsbilanz; vielmehr entsteht ausschließlich ein Überangebot auf dem Binnengutmarkt. P_N wird sinken. Erst daraufhin wird - über einen Rückgang von q - ein Zahlungsbilanzüberschuß ausgelöst. Die Ursache hierfür ist aber ausschließlich die Änderung des relativen Güterpreises q .

Gilt hingegen:

$$(11-2) \quad C_T = c_T[Y - S] \qquad 0 < c_T < 1$$

und somit:

$$(6-2) \quad C_N q = (1 - c_T)[Y - S]$$

werden durch einen Anstieg der Geldmenge sowohl der Binnengutmarkt als auch die Zahlungsbilanz betroffen. Ein zusätzlicher Bestimmungsfaktor ist aber der relative Güterpreis q . Die Zahlungsbilanz ist nun nicht mehr ausschließlich ein monetäres Phänomen.

Im übrigen macht die Gleichung (6) deutlich, daß ein Ungleichgewicht in der Zahlungsbilanz auch dann bestehen kann, wenn nicht gehortet wird. Voraussetzung ist ein Ungleichgewicht auf dem Markt für Binnengüter.

Zusammenfassend können wir festhalten: Die zentrale Hypothese des monetären Ansatzes, ein Zahlungsbilanzungleichgewicht werde allein durch ein Geldmarktungleichgewicht verursacht, gilt uneingeschränkt im Rahmen des Modells nur dann, wenn keine Binnengüter existieren.

3.3.4 Implikationen von Kapitalbewegungen

Werden im monetären Ansatz Wertpapiere berücksichtigt, wird i.d.R. unterstellt, in- und ausländische Aktiva seien vollständig substitutiv. Es existiert ein Weltkapitalmarkt, auf dem sich ein für In- und Ausland einheitlicher Zins herausbildet. Wird keine Inflation erwartet, entsprechen Nominal- und Realzins einander.

$$(1) \quad i \;=\; i'$$

Im folgenden modellieren wir wiederum ein **kleines Land**. Ferner gehen wir von einer Ein-Gut-Volkswirtschaft aus.

Die Ersparnis setzt sich nun aus dem angestrebten Kassenaufbau und aus geplanten Wertpapierkäufen zusammen. Analog nehmen wir an, Wertpapiere würden gekauft, um den tatsächlichen sukzessive an den gewünschten Wertpapierbestand heranzuführen. Wertpapiere und Kasse werden als substitutiv angenommen. Dann geht in die Geldnachfrage auch der Zins als Argument ein. Für die Ersparnis erhalten wir (in realen Größen):

$$(2) \quad S \;=\; \alpha\left[M^{*}\left(\underset{+}{Y},\underset{-}{i'}\right)-\frac{M^{n}}{P}\right]+\beta\left[B^{*}\left(\underset{+}{Y},\underset{+}{i'}\right)-\left(\frac{B^{n}}{P}-B^{f}\right)\right] \qquad ^{1)}$$

$B^f > 0$ beschreibt den Anteil inländischer Wertpapiere in Händen von Ausländern. Ist B^f hingegen negativ, besitzen Inländer ausländische Wertpapiere. Ist der inländische Wertpapierbestand konstant, ist jede gewünschte Akkumulation von verzinslichen Aktiva gleichbedeutend mit einem **Kapitalexport**:

$$(3) \quad FC \;=\; \beta\left[B^{*}(Y,i')-\left(\frac{B^{n}}{P}-B^{f}\right)\right]$$

Zu einem **Handelsbilanzüberschuß** kommt es dann, wenn die inländische Produktion die inländische Nachfrage übersteigt. Vernachlässigen wir staatliche Aktivitäten, folgt:

$$(4) \quad TC \;=\; Y - C$$

Wir nehmen an, die inländischen Wertpapiere dienten der Finanzierung des **konstanten** Kapitalstocks. Dann folgt für den Konsum [2]:

---

1) Die positive Korrelation zwischen B^* und Y liegt darin begründet, daß die Haushalte über Vermögenshöhe und -struktur simultan entscheiden. Vgl. J. Niehans 1978.

2) Zinseinkommen sind dann Bestandteil von Y.

(5) $C \;=\; Y - B^f i' - S$

Handels- und Leistungsbilanz unterscheiden sich nun um die grenzüberschreitenden Zinszahlungen, die Faktoreinkommen darstellen.

(6) $CC \;=\; S$

Damit aber wird ein Saldo in der Zahlungsbilanz abermals durch ein Geldmarktungleichgewicht verursacht:

(7) $PC \;=\; \alpha\left[M^*(Y,i') - \frac{M^n}{P}\right] \;=\; \frac{\dot{M}^n}{P} \;=\; CC - FC$

(8) $P \;=\; P'e$

Ein Überschuß der Zahlungsbilanz führt wiederum zu einer im Zeitablauf steigenden Geldmenge. Der automatische Anpassungsprozeß wird durch den Realkasseneffekt getragen. Ferner haben wir nun zu berücksichtigen:

(9) $-\dot{B}^f \;=\; \beta\left[B^*(Y,i') - \left(\frac{B^n}{P} - B^f\right)\right]$

Kapitalexporte ermöglichen nun eine Heranführung des aktuellen an den gewünschten Wertpapierbestand. Das aber bedeutet: Langfristig ist eine ausgeglichene Zahlungsbilanz gleichbedeutend mit einer ausgeglichenen Leistungsbilanz.

3.3.5 Implikationen staatlicher Budgetdefizite

Wir wollen nun den Staat einbeziehen. Er tätige Staatsausgaben und erhebe Steuern. Vereinfachend gehen wir von einer Kopfsteuer aus. Ein entstehendes Budgetdefizit werde durch Emission von Wertpapieren finanziert.

Vereinfachend unterstellen wir eine Ein-Gut-Volkswirtschaft eines kleinen Landes.

Für den Saldo der Handelsbilanz folgt:

(1) $TC \;=\; Y - C - A^{St}$

(2) $P \;=\; P'e$

Für die Budgetrestriktionen der privaten und öffentlichen Haushalte erhalten wir:

(3) $Y + \left(\frac{B^n}{P} - B^f\right) i' - T \;=\; C + S^H$

$$(4) \quad i = i'$$

$$(5) \quad S^H = \beta\left[B^*(i',Y) - \frac{(B^n - B^f)}{P}\right] + \alpha\left[M^*(i',Y) - \frac{M^n}{P}\right]$$

$$(6) \quad A^{St} + \frac{B^n}{P}i' - T = BD = \frac{\dot{B}^n}{P}$$

Setzen wir (5) und (6) in (1) ein, so führt dies zu:

$$(1a) \quad TC - B^f i' = CC = S^H - BD$$

Bei international vollständig substitutiven Wertpapieren wird ein Kapitalexport bestimmt durch:

$$(7) \quad FC = \beta\left[B^*(i',Y) - \left(\frac{B^n - B^f}{P}\right)\right] - \frac{\dot{B}^n}{P}$$

Damit aber folgt wiederum für die Bestimmungsfaktoren eines Saldos in der Zahlungsbilanz:

$$(8) \quad PC = \alpha\left[M^*(i',Y) - \frac{M^n}{P}\right]$$

Der Einfluß eines staatlichen - kreditfinanzierten - Budgetdefizits bleibt somit auf die **Leistungsbilanz** begrenzt. Liegt hingegen vollständige Geldmengenfinanzierung vor:

$$(9) \quad BD = \frac{\dot{D}^n}{P}$$

$$(10) \quad M^n = D^n + Re$$

$\dot{D}^n$ = Geldschöpfung des Staates

dann folgt:

$$(11) \quad PC = -\left[\frac{\dot{D}^n}{P} - \alpha\left[M^*(i',Y) - \frac{M^n}{P}\right]\right]$$

Nun spielt für die Zahlungsbilanz nicht mehr ausschließlich das Horten der Haushalte eine Rolle. Hinzu kommt die Geldschöpfung zur Finanzierung eines staatlichen Budgetdefizits. Nur wenn beide divergieren, entsteht ein Ungleichgewicht in der Zahlungsbilanz. Ein im Vergleich zu geplanten Hortungen zu großes Budgetdefizit hat nun ein Zahlungsbilanzdefizit zur Folge.

Verallgemeinernd können wir festhalten, daß jede heimische Geldschöpfung - auch eine expansive Offenmarktpolitik - die über das hinausgeht, was die Wirtschaftssubjekte absorbieren wollen, ein Defizit in der Zahlungsbilanz induziert.

3.3.6 Zusammenfassung

Im monetären Zahlungsbilanzansatz steht ein Geldmarktungleichgewicht als **Ursache** für ein Zahlungsbilanzungleichgewicht im Zentrum. Wir haben gezeigt, daß dies dann der Fall ist, wenn die folgenden Annahmen gelten:

(1) In- und ausländische Güter sind vollständig substitutiv. Es gibt für alle Länder nur einen Preis.

(2) Der Güterkonsum wird von Entscheidungen über die Kassenhaltung dominiert.

Eine kritische Reflektion der erstgenannten Hypothese erfolgte bereits im Rahmen des Absorptionsansatzes.

Von der Hand zu weisen ist sicher auch nicht, daß der zweiten Hypothese eine gewisse Willkür anhaftet.

Schließlich ist darauf hinzuweisen, daß im monetären Ansatz stets Vollbeschäftigung herrscht. Wirtschaftspolitische Maßnahmen zur Herstellung eines externen Gleichgewichts induzieren somit keine unerwünschten Beschäftigungseffekte. In einer Smopec sind ferner - zumindest im Ein-Gut-Modell - auch keine Preiseffekte zu erwarten. Voraussetzung für Vollbeschäftigung sind wiederum flexible Reallöhne - eine Annahme, die auch von vielen Neoklassikern zunehmend in Frage gestellt wird.

3.4 Der Cash-In-Advance-Ansatz [1)]

3.4.1 Grundlagen

Der Cash-In-Advance-Ansatz stellt eine Erweiterung der **intertemporalen** Absorptionstheorie dar, indem nun **Geld** in den Plänen der Wirtschaftssubjekte explizit Berücksichtigung findet. Die Integration des Geldes wird dabei auf die folgende Weise vollzogen:

---

1) Der Cash-in-Advance-Ansatz geht zurück auf Clower (1967). Er wurde von E. Helpman (1981) auf eine offene Volkswirtschaft übertragen. Vgl. ferner Cuddington, Vinal (1986).

Im Zentrum steht die Einsicht, daß Käufe und Verkäufe von Gütern, Wertpapieren, aber auch die direkte Kreditvergabe bzw. -aufnahme den Transfer von Geldeinheiten umfassen. Ebenso benötigen die Unternehmen Geld, um die Faktoren zu entlohnen, bzw. Dividenden zu bezahlen. Die Anzahl der Geldeinheiten, die ein Individuum besitzt, ist jedoch begrenzt. Jedes Wirtschaftssubjekt hat somit im Rahmen seiner Planungen eine **Liquiditätsrestriktion** zu berücksichtigen. Gemeinsam unterstellen alle Beiträge, die Umlaufgeschwindigkeit sei gleich eins. Jede Geldeinheit wird dann in jeder Periode nur einmal umgeschlagen. Dies bedeutet: **Jedem Güter- oder Wertpapierangebot entspricht eine Geldnachfrage im Sinne einer Bestandsnachfrage. Umgekehrt entspricht jeder Güter- und Wertpapiernachfrage ein Bestandsangebot an Geld**[1)].

Wie im monetären Ansatz wird unterstellt, in- und ausländische Güter und Wertpapiere seien vollständig substitutiv. Im folgenden wollen wir untersuchen, welche Faktoren im Cash-In-Advance-Ansatz eines kleinen Landes die Zahlungsbilanz bestimmen und wie der Zahlungsbilanzanpassungsprozeß aussieht. Eine wichtige Rolle spielt dabei die Frage, ob ein Budgetdefizit des Staates ausschließlich kredit- oder zumindest zum Teil geldmengenfinanziert ist. Wir beginnen mit Ersterem.

3.4.2 Ausschließlich kreditfinaniertes staatliches Budgetdefizit

Es wird unterstellt, daß die Unternehmungen am **Ende** jeder Periode aus ihren Umsatzeinnahmen Einkommenszahlungen leisten. Diese Einkommenszahlungen, zusammen mit Zinseinnahmen aus der Kreditvergabe, abzüglich den zu leistenden direkten Steuern, liefern den Haushalten die Geldmenge, die für Ausgaben in der **darauffolgenden** Periode zur Verfügung stehen. Cash-In-Advance-Modelle betonen i.d.R. die Tauschmittelfunktion des Geldes. Nur wenige Modelle berücksichtigen hingegen auch die Wertaufbewahrungsfunktion. In diesen Ansätzen wird die in jeder Periode aus laufenden Einkommen verfügbare Geldmenge durch Hortungen der Vorperioden erhöht. Hiervon wollen wir im folgenden absehen. Nehmen wir ferner an, daß die Haushalte keinen Vermögensanfangsbestand besitzen, dann umfaßt die verfügbare Liquidität zu Beginn der Periode t die in $t-1$ erzielten Faktoreinkommen abzüglich der zu entrichtenden Steuern.

1) Die Nachfrage nach Wertpapieren wird in diesem Ansatz als Stromgröße modelliert.

Diese Geldsumme dient zum Erwerb von Konsumgütern und zum Erwerb von Staatsschuldtiteln zum konstanten Weltzinssatz i' . Wenn keine Inflation erwartet wird, wovon wir ausgehen, entsprechen Nominal- und Realzins einander. Da jede Geldeinheit nur einmal umgeschlagen wird, entspricht der Summe aus Konsum- und Wertpapiernachfrage der Haushalte ein Geldangebot ($M^{nH,s}$) . Somit folgt:

$$(1) \quad Y_{t-1}P_{t-1} - T^n_{t-1} \;=\; C_tP_t + S^{nH}_t \;=\; M^{nH,s}_t$$

Gespart wird in vollem Umfang in Wertpapieren. Hierbei haben wir zu berücksichtigen, daß die Ersparnis eine Stromgröße ist. Die Ersparnis ist somit identisch mit einer Zunahme der Nachfrage nach Wertpapieren:

$$(2) \quad S^{nH}_t \;=\; \Delta B^{dn}_t$$

Wie im intertemporalen Absorptionsansatz unterstellen wir einen Planungshorizont von zwei Perioden. Am Ende der 2. Periode hat der Haushaltssektor weder Forderungen noch Verbindlichkeiten.

Für die Budgetrestriktion in $t+1$ erhalten wir:

$$(3) \quad Y_tP_t - T^n_t + \Delta B^{dn}_t(1+i') \;=\; C_{t+1}P_{t+1} \;=\; M^{nH,s}_{t+1}$$

In $t+1$ entfaltet der Haushalt auf den Gütermarkt eine Güternachfrage. Ihr entspricht ein Geldangebot. Auf dem Kreditmarkt macht der Haushalt dagegen Tilgungsansprüche geltend. Dem entspricht eine Geldnachfrage. Wir saldieren beides und erhalten folgendes Geldangebot der Haushalte in $t+1$:

$$(4) \quad M^{nH,s}_{t+1} \;=\; C_{t+1}P_{t+1} - S^{nH}_t(1+i') \;=\; Y_tP_t - T^n_t$$

Für die staatliche Budgetrestriktion in t erhalten wir unter der Annahme eines anfänglich ausgeglichenen Staatshaushalts:

$$(5) \quad A^{St}_tP_t - T^n_{t-1} \;=\; \Delta B^n_t \;=\; BD^n_t$$

Die Steuereinnahmen sind dabei identisch mit dem Geldangebot des Staates:

$$(6) \quad M^{nSt,s}_t \;=\; T^n_{t-1} \;=\; A^{St}_tP_t - \Delta B^n_t$$

Die Wertpapieremissionen umfassen hingegen eine staatliche Geldnachfrage. Insofern beschreibt (9) ein Nettoangebot. Aufgrund der "solvency constraint" gilt in $t+1$
:

$$(7) \quad A^{St}_{t+1}P_{t+1} \;=\; T^n_t - \Delta B^n_t(1+i')$$

In $t+1$ entfaltet der Staat auf dem Gütermarkt eine Nachfrage nach Gütern. Ihr entspricht ein Geldangebot. Ein weiteres Geldangebot entfaltet der Staat mit seinen Tilgungen auf dem Kreditmarkt Somit gilt:

$$(8) \quad M_{t+1}^{nSt,s} = A_{t+1}^{St} P_{t+1} + \Delta B_t^n (1+i')$$

Die Unternehmungen bieten ihre Produktion in t zum Verkauf an. Dem entspricht eine Bestandsnachfrage nach Geld:

$$(9) \quad Y_t P_t = M_t^{nd}$$

$$(10) \quad Y_{t+1} P_{t+1} = M_{t+1}^{nd}$$

Gemäß der Kleine-Land-Annahme in Verbindung mit einer vollständigen Substitutionsbeziehung zwischen in- und ausländischen Gütern folgt:

$$(11) \quad P_{t+i} = P'_{t+i} e \qquad i = 0,1$$

Der Weltmarktpreis P' sei konstant. Ursache für ein Handelsbilanzungleichgewicht ist eine Divergenz zwischen inländischer Produktion und inländischer Nachfrage. Wir wollen hierbei im folgenden die **nominellen** Größen modellieren.

$$(12) \quad TC_t^n = (Y_t - C_t - A_t^{St}) P_t = CC_t^n$$

Bei Vernachlässigung eines Vermögensanfangsbestandes entsprechen Handels- und Leistungsbilanz einander.

Sind in- und ausländische Wertpapiere vollständig substitutiv, so wird ein Kapitalexport bestimmt durch:

$$(13) \quad FC_t^n = \Delta B_t^{dn} - \Delta B_t^n = S_t^{nH} - BD_t^n$$

Für den nominellen Zahlungsbilanzsaldo in t erhalten wir:

$$(14) \quad PC_t^n = TC_t^n - FC_t^n = (Y_t P_t - C_t - A_t^{St}) P_t - (\Delta B_t^{dn} - \Delta B_t^n) = M_t^{dn} - M_t^{ns}$$

$$(15) \quad M^{ns} = M^{nSt,s} + M^{nH,s}$$

Wie im monetären Ansatz kann die gesamte Volkswirtschaft ausschließlich durch den Devisen- oder den Geldmarkt beschrieben werden. Im monetären Ansatz wurde ein Devisenmarkt- und somit ein Zahlungsbilanzungleichgewicht durch eine Divergenz zwischen angestrebtem und tatsächlichem Kassenbestand **bestimmt**. Nun gilt:

(16) $M_t^{dn} - M_t^{ns} \quad = \quad Y_t P_t - Y_{t-1} P_{t-1}$

Ein Geldmarkt- und damit Zahlungsbilanzungleichgewicht entsteht nur dann, wenn die monetäre Güterproduktion in t einen anderen Wert als in $t-1$ einnimmt. **Ist der Weltmarktpreis konstant und die Volkswirtschaft stationär, ist somit die Zahlungsbilanz immer ausgeglichen.** Dies ist auf die Annahme zurückzuführen, daß die Wirtschaftsssubjekte nicht (freiwillig) horten. Dassselbe gilt im übrigen für die Zahlungsbilanz in $t+1$. Für sie gilt:

(17) $PC_{t+1}^n \quad = \quad (Y_{t+1} - A_{t+1}^{St} - C_{t+1})P_{t+1} + (\Delta B_t^{dn} - \Delta B_t^n)(1+i')$

Hierbei gilt:

(7) $A_{t+1}^{St} P_{t+1} \quad = \quad T_t^n - \Delta B_t^n (1+i')$

(3a) $C_{t+1} P_{t+1} \quad = \quad Y_t - T_t^n + \Delta B_t^{dn}(1+i')$

(10a) und (3a) in (17) eingesetzt, führt zu:

(17a) $PC_{t+1}^n \quad = \quad Y_{t+1} P_{t+1} - Y_t P_t \quad = \quad M_{t+1}^{nd} - M_{t+1}^{ns}$

3.4.3 Geldmengenfinanzierte Budgetdefizite

Im folgenden unterstellen wir, der Staat würde einen Teil seines Defizits durch Geldschöpfung (ΔD^n) finanzieren, und zwar in beiden Perioden. Die staatliche Budgetrestriktion ändert sich dann zu:

(18) $A_t^{St} P_t - T_{t-1}^n \quad = \quad \Delta B_t^n + \Delta D_t^n$

(19) $A_{t+1}^{St} P_{t+1} + \Delta B_t^n (1+i') \quad = \quad T_t^n + \Delta D_{t+1}^n$

Dem staatlichen Geldangebot in t entspricht nun die Summe aus den Steuereinnahmen und der Geldschöpfung:

(20) $M^{nSt,s} \quad = \quad T_{t-1}^n + \Delta D_t^n$

Wieder ist ein Zahlungsbilanzungleichgewicht identisch mit einer Divergenz zwischen Geldangebot und -nachfrage. Diese wird jedoch nun nicht allein durch die Differenz zwischen der monetären Güterproduktion in t und $t-1$ bestimmt, sondern zusätzlich durch die staatliche Geldschöpfung, wobei ein Anstieg der Geldmenge ein **Defizit** in der Zahlungsbilanz impliziert.

(21) $PC_t^n = Y_tP_t - Y_{t-1}P_{t-1} - \Delta D_t^n$

Analoges gilt für den Zahlungsbilanzsaldo in $t+1$:

(22) $PC_{t+1}^n = Y_{t+1}P_{t+1} - Y_tP_t - \Delta D_{t+1}^n$

In einer stationären Volkswirtschaft mit konstantem Weltpreisniveau entspricht also einem Defizit der Zahlungsbilanz in jeder Periode genau dem Teil des staatlichen Budgetdefizits, der durch Geldschöpfung finanziert wird. Hierbei besteht nun offensichtlich kein Zusammenhang mehr zwischen dem Zahlungsbilanzsaldo in t und $t+1$. Einem Zahlungsbilanzdefizit entspricht eine Übernachfrage nach Devisen. Die Zentralbank interveniert, indem sie Devisen verkauft und im Gegenzug inländische Währungseinheiten aus dem Markt nimmt. Faktisch verschwinden also durch die Devisenmarktinterventionen die vom Staat zusätzlich in den Markt geschleusten Geldeinheiten wieder. **Bedeutsam dabei ist, daß es keinen Zahlungsbilanzanpassungsprozeß gibt.**

3.4.4 Kritische Würdigung

Hinsichtlich einer kritischen Würdigung kann im großen und ganzen auf den intertemporalen Absorptionsansatz (II. 1.3.2.2) verwiesen werden. Wir konzentrieren uns hier auf die Art und Weise, wie Geld berücksichtigt wird:

Die aktuelle neoklassische Forschung wird stark von der intertemporalen Sichtweise geprägt. Ausgangspunkt bildet das Bemühen der Neuen Klassik, alle gesamtwirtschaftlichen Phänomene auf einzelwirtschaftliches zielmaximierendes Verhalten zurückzuführen. Dies gilt auch für die Existenz des Geldes. Ausgangspunkt ist ein Modell von Samuelson (1958), in dem er sich mit der Frage auseinandersetzt, wie eine Generation materiell Vorsorge leisten kann für die Zeit, in der sie nicht mehr aktiv am Produktionsprozeß beteiligt ist. Aus Vereinfachungsgründen wählt Samuelson das folgende Modell:

In jeder Periode gibt es eine junge und eine alte Generation. Jede Generation lebt zwei Perioden. Zu Beginn ihres Lebens wird jede Generation mit einem bestimmten nicht lagerfähigen Güterbestand ("chocolate chips") ausgestattet. Die "chocolate chips" müssen also in der laufenden Periode auch aufgezehrt werden. Will die junge Generation von t in $t+1$ nicht verhungern, ist sie auf die Bereitschaft der in $t+1$ jungen Generation angewiesen, "chocolate chips" abzugeben. Ein Tausch mit der zukünftigen Generation ist jedoch nicht möglich, da diese in t noch nicht lebt. Geld, so Samuelson, führt hier aus der Klemme: Existieren Geldscheine, in deren Kaufkraft Vertrauen besteht, kann auf diese Weise Kaufkraft aufbewahrt werden. Nun ist Geld nicht die einzige Möglichkeit; hinzu kommen lagerfähige Güter und verzinsliche Aktiva. In dem Bemühen, die Dominanz des Geldes nachzuweisen, stieß man allerdings auf formale Probleme. Notwendig ist nämlich, Unsicherheit einzuführen. Auf diesem Hintergrund griff man zu einer vereinfachenden Annahme: Geld **muß** in bestimmten Transaktionen verwendet werden.

Letztendlich kann dies auch als Kapitulation vor dem eigentlichen Anliegen interpretiert werden, dem Bemühen nämlich, die Existenz des Geldes mit mikroökonomischem zielmaximierenden Verhalten im Einklang zu bringen. Hinzu kommt, daß auch der Cash-In-Advance-Ansatz sehr schnell formal aufwendig wird. Dies wiederum verleitet zu unrealistischen Annahmen wie einer Umlaufgeschwindigkeit von eins.

4 Literatur zu Kapitel (II)

P.R. Allen (1973): "A Portfolio Approach to Capital Flows". In: Journal of International Economics (3), S. 135 - 160.

S. Sidney Alexander (1952: "Effects of a Devaluation on a Trade Balance". In: IMF Staff Papers 2, No. 2, S. 263 - 278.

D. Bender (1984): "Außenhandel". In: Vahlens Kompendium der Wirtschaftstheorie und Wirtschaftspolitik, Bd. 1, 2. Aufl.

R.S. Boyer (1977): "Devaluation and Portfolio Balance". In: American Economic Review, S. 54 - 63.

W.H. Branson (1968): "Financial Capital Flows in the U.S. Balance of Payments", Amsterdam.

Willem H. Buiter (1987): "Fiscal Policy in Open Interdependent Economies". In: A. Razin, E. Sadka (Hrsg.): " Economic Policy in Theory and Practice", London, S. 101 - 144.

R. Clower (1967): " A Reconsideration of the Microeconomic Foundations of Monetary Theory". In: Western Journal, Band 6, S. 1 - 8.

J.T. Cuddington, J.M. Vinals (1986): "Budget Deficits and the Current Account in the Presence of Classical Unemployment". In: The Economic Journal, 96, S. 101 - 119.

P. Davidson (1982): "International Money and the Real World", Hampshire and London.

R. Dornbusch (1973a): "Devaluation, Money, and Non-Traded Goods". In: American Economic Review, Band 63, S. 871 - 883.

Derselbe (1973b): "Currency Depreciation, Hoarding, and Relative Prices". In: Journal of Political Economy, Band 81, S. 893 - 915.

Derselbe (1975): "A Portfolio Balance Model of the Open Economy". In: Journal of Monetary Economics, Band 1, S. 3 - 20.

Derselbe (1983): "Real Interest Rates, Home Goods and Optimal External Borrowing". In: Journal of Political Economy, Vol. 91, S. 141 - 153.

J.M. Fleming (1962): "Domestic Financial Policies under Fixed and under Floating Exchange Rates". In: IMF Staff Papers, Band 9, S. 369 - 380.

J.E. Floyd (1969): "Monetary and Fiscal Policy in a World of Capital Mobility". In: Review of Economic Studies, S. 503 - 517.

J.A. Frenkel, A. Razin (1985a): "Government Spending, Debt and International Economic Interdependence". In: Economic Journal 95, S. 619 - 639.

Dieselben (1985b): "Fiscal Expenditures and International Economic Interdependence". In: W.H. Buiter, R.C. Marston (Hrsg.): "International Policy Coordination, Cambridge, S. 37 - 73.

L. Girton, D.W. Henderson (1976): "Financial Capital Movements and Central Bank Behavior in a Two-Country, Short-Run Portfolio Balance Modell". In: Journal of Monetary Economics, S. 33 - 61.

I. Größl (1986): Der Zusammenhang von finanz- und realwirtschaftlichem Sektor einer offenen, stationären Volkswirtschaft, Berlin.

I. Größl-Gschwendtner (1990): Wirkungen staatlicher Budgetdefizite auf Wirtschaftswachstum, Inflation und Beschäftigung bei flexiblen Wechselkursen, Tübingen.

E. Helpman (1981): "Am Exploration in the Theory of Exchange Rate Systems". In: Journal of Political Economy, S. 865 - 890.

K.-D. Jacob (1972): "Wechselkurs und Leistungsbilanz - Eine modelltheoretische Untersuchung über die Synthese von "Elasticity-Approach" und "Income-Absorption-Approach", Berlin, New York.

H.J. Jarchow (1979): "Theorie und Politik des Geldes. I. Geldtheorrie, Göttingen.

H.J. Jarchow, P. Rühmann (1982): "Monetäre Außenwirtschaft, I. Monetäre Außenwirtschaftstheorie", Göttingen, S. 41 ff. u. S. 249 ff.

H.G. Johnson (1976): "Towards a General Theory of the Balance of Payments". In: J.A. Frenkel, H.G. Johnson (Hrsg.): The Monetary Approach to the Balance of Payments, London, S. 46 - 63.

P.J.K. Kouri und M.G. Porter (1974): "International Capital Flows and Portfolio Equilibrium". In: Journal of Political Economy (82), S. 443 - 467.

P.J.K. Kouri (1975): "The Hypothesis of Offsetting Capital Flows". In: Journal of Macroeconomics (1), S. 21 - 39.

A.P.Lerner (1962): "The Economics of Control", New York.

A. Marshall (1923): "Money, Credit and Commerce", London.

R. Mc Kinnon, W.E. Oates (1966): "The Implications of International Economic Integration for Monetary, Fiscal, and Exchange Rate Policy". Princeton Studies in International Finance, No. 16.

J. May (1979): "Period Analysis and Continuous Analysis in Patinkin's Macroeconomic Model". In: Journal of Economic Theory, Band 2, S. 1 - 9.

E. Minx (1980): "Von der Liberalisierungs- zur Wettbewerbspolitik", Berlin 1980.

R.A. Mundell (1968): "International Economics", New York.

M. Mussa: "A Monetary Approach to Balance-of-Payments Analysis". In: Journal of Money, Credit, and Banking, Band 6, S. 333 - 351.

J. Niehans (1977): "Exchange Rate Dynamics with Stock/Flow Interaction". In: Journal of Political Economy, S. 1245 - 1257.

J. Niehans (1978): "The Theory of Money", Baltimore.

M. Obstfeld (1980): "Intermediate Imports, the Terms of Trade, and the Dynamics of the Exchange Rate and the Current Account". In: Journal of International Economics, Vol. 10, S. 461 - 480.

M.F.J. Prachowny (1975): "Small Open Economies. Their Structure and Policy Environment", Lexington Mass.

J. Robinson (1947): "The Foreign Exchanges". In: Dieselbe: "Essays in the Theory of Employment", 2. Aufl., Oxford, S. 134 - 155.

K. Rose (1986): Theorie der Außenwirtschaft, 9. Aufl. München.

J.D. Sachs (1981): "The Current Account in the Macroeconomic Adjustment Process". In: Scandinavian Journal of Economics, 1980, S. 147 - 159.

P.A. Samuelson (1958): "An Exact Consumption-Loan Model of Interest with or without the Social Contrivance of Money". In: Journal of Political Economy 66, 6, S. 467 - 482.

H. Simon (1957: "Models of Man. Social and Rational", New York, London.

H. Simon (1978): "Rationality as Process and as Product of Thought". In: American Economic Review, 68, Papers & Proceedings, S. 1 - 16.

Alan C. Stockmann (1980): " A Theory of Exchange Rate Determination". In: Journal of Political Economy (88), S. 673 - 698.

III. WECHSELKURSTHEORIEN

Wir geben nun die Annahme auf, daß die Zentralbank durch Interventionen am Devisenmarkt die Realisierung eines wirtschaftspolitisch vereinbarten Wechselkurses garantiert. Wir unterstellen vielmehr, der Wechselkurs sei **vollständig** den Marktkräften überlassen. Im Mittelpunkt steht die Frage, durch welche Faktoren der Wechselkurs, und zwar der **Kassakurs**, bestimmt wird. Die Beantwortung dieser Frage entscheidet darüber, welche Konseqenzen ein System flexibler Wechselkurse für den internationalen Preis- und Beschäftigungszusammenhang hat. Überwiegend werden wir dabei in Anlehnung an die Literatur eine **kleine** offene Volkswirtschaft modellieren.

1 Die Bestimmungsfaktoren des Wechselkurses im Überblick [1)]

Im Rahmen existierender Theorien und in der wirtschaftspolitischen Diskussion werden als Bestimmungsfaktoren des Wechselkurses genannt:

- die Kaufkraftparität
- Einkommensunterschiede
- Zinsdifferenzen
- das relative Angebot an in- und ausländischen Finanzaktiva
- Erwartungen

Anhänger der **Kaufkraftparitätentheorie** stellen in- und ausländische Güterpreise als Bestimmungsfaktoren des Wechselkurses in den Mittelpunkt. Zu unterscheiden ist dabei zwischen einer

- **absoluten** und **relativen** Version,
- **engen** und **weiten** Fassung.

In der **absoluten** Version wird der Wechselkurs bestimmt durch das **Verhältnis** zwischen in- und ausländischen Güterpreisen, ausgedrückt in der jeweiligen Lan-

1) Vgl. I. Größl-Gschwendtner (1990) (1991) als Kurzüberblick. Bei der Darstellung der Modelle erfolgt eine enge Anlehnung an die genannten Modelle.

deswährung. Eindeutigen Vorrang genießt im Rahmen der absoluten Version die **enge** Fassung, wonach nur international gehandelte Güter in den relevanten Preisindizes Berücksichtigung finden.

Die **relative** Version der Kaufkraftparitätentheorie sieht demgegenüber Divergenzen zwischen der in- und ausländischen **Preisänderungsrate** als die ausschlaggebenden Bestimmungsfaktoren des Wechselkurses an. Im Rahmen einer **engen** Fassung werden wiederum nur international gehandelte Güter berücksichtigt. Die **weite** Fassung bezieht zusätzlich reine Binnengüter mit ein.

2 Klassifikation existierender Ansätze

Hinter den oben skizzierten Hypothesen verbergen sich letztendlich unterschiedliche Vorstellungen darüber, wie **Devisenangebot und -nachfrage** bestimmt werden. Wichtig in diesem Zusammenhang ist, daß vom Grundansatz her unterschiedliche Modelle zu denselben Aussagen hinsichtlich der Bestimmungsfaktoren des Wechselkurses führen können. Dies trifft insbesondere für die Kaufkraftparitätentheorie zu.

Bei der mittlerweile verwirrenden Anzahl von Beiträgen können wir zunächst einmal zwischen **partialanalytischen** und **gesamtwirtschaftlichen** Erklärungsansätzen unterscheiden.

In **partialanalytischen Modellen** wird meistens nur das Geschehen auf dem Devisenmarkt ohne Rückgriff auf die anderen Märkte der Volkswirtschaften betrachtet. Höchstens die Finanzmärkte einer Volkswirtschaft finden Berücksichtigung. Unterschieden werden kann zwischen **realwirtschaftlichen** und **finanzwirtschaftlichen** Modellen. Zu erstgenannten Ansätzen gehören

- das **Güterarbitragemodell**
- der **Elastizitätsansatz** bei flexiblen Wechselkursen
- das **keynesianische Einkommensmodell**

Finanzwirtschaftliche Partialmodelle umfassen

- das **Zinsarbitragemodell**
- den **partialanalytischen Portfolio-Balance-Ansatz**

Bei **gesamtwirtschaftlichen Modellen** handelt es sich um Ansätze, in denen der Zusammenhang zwischen monetärem und realem Sektor eine hervorragende Rolle für den Wechselkurs spielt. Hierbei können wir unterscheiden zwischen

- **IS-LM-Modellen**
- **gesamtwirtschaftlichen Portfolio-Balance-Ansätzen**
- **monetären Ansätzen**

Wir werden feststellen, daß die Ansätze bis auf das Güterarbitragemodell im wesentlichen eine Übertragung der in II. dargestellten Modelle auf ein System flexibler Wechselkurse darstellen.

3 Realwirtschaftliche Partialmodelle der Wechselkurserklärung

3.1 Das Güterarbitragemodell

Das Güterarbitragemodell ist ein partialanalytischer Ansatz zur Erklärung der **absoluten Kaufkraftparität** [1]. Er ist eng mit der neoklassischen Außenhandelstheorie verbunden. Wie dort wird von einer "Walrasianischen Welt" ausgegangen, in der die Güter- und Faktormärkte stets preisgeräumt sind und somit Vollbeschäftigung herrscht. In einer stationären Volkswirtschaft führt dies zu einem konstanten Sozialprodukt. Im In- und Ausland werden Güter produziert, die von den Wirtschaftssubjekten als **vollständig substitutiv** erachtet werden. Internationale Preisunterschiede führen bei Öffnung der Grenzen zu Arbitragebewegungen dergestalt, daß die Weltnachfrage dorthin wandert, wo die Güter am billigsten zu haben sind. Diese Arbitragebewegungen führen in den betrachteten Ländern zu Preisanpassungen, bis ein Welthandelsgleichgewicht erreicht wird, in dem in beiden Ländern derselbe Preis gilt. Während nun in der realen Außenhandelstheorie Tauschwirtschaften unterstellt werden, geht das Güterarbitragemodell von Geldwirtschaften aus. Als "numéraire", in dessen Einheiten die Güterpreise gemessen werden, dient ein allgemeines - in den betrachteten Ländern aber unterschiedliches - Tauschmittel.

In Geldwirtschaften setzt ein Vergleich zwischen in- und ausländischen Preisen voraus, daß der ausländische Güterpreis in inländische Währungseinheiten umge-

1) Vgl. B. Balassa (1964) als Überblick über Beiträge zur Kaufkraftparität, ferner L.H. Officer (1976).

rechnet wird. Dies geschieht mit Hilfe des Wechselkurses. Bezeichnet man den ausländischen Güterpreis mit P' und den Wechselkurs mit e, so vergleichen die Inländer $P'e$ mit dem inländischen Preis P.

Während sich in der Außenhandelstheorie der internationale Handel auf Tauschbasis vollzieht, ziehen in einer Geldwirtschaft Exporte und Importe Zahlungsströme nach sich. Abstrahiert man, wie im Güterarbitragemodell der Fall, von Kapitalbewegungen, so ist jeder Saldo zwischen Güterexporten und -importen gleichbedeutend mit einem Ungleichgewicht auf dem Devisenmarkt. Ist der Wechselkurs den Marktkräften überlassen, wird er auf eine Angebots-Nachfragedifferenz reagieren. Maßgeblicher Bestimmungsfaktor für den Wechselkurs sind dann Exporte und Importe von Gütern. In diesem Zusammenhang wird im Güterarbitragemodell unterstellt, die Handelsströme seien allein durch Unterschiede in den in- und ausländischen Preisen für die international vollständig substitutiven Güter bestimmt.

Im einfachsten Fall wird im In- und Ausland nur ein Gut produziert, das von den Wirtschaftssubjekten als vollständig substitutiv betrachtet wird. Angenommen, im Autarkiezustand übersteige der Preis des inländischen Gutes den ausländischen Preis. Es gilt also $P > P'e$. In diesem Fall wird die inländische Nachfrage ins Ausland abwandern. Es kommt also zu einer **Arbitragebewegung**. Durch diese Arbitragebewegung werden sich in- und ausländischer Güterpreis wiederum angleichen, wobei nun diese Aufgabe dem Wechselkurs zugewiesen wird. Grundlage ist die Annahme, daß mit einer Abwanderung der inländischen Nachfrage ins Ausland eine Übernachfrage nach Devisen verbunden ist, die ausschließlich durch die internationale Preisdifferenz bestimmt wird. Der Wechselkurs wertet ab und sorgt so für ein Güterarbitragegleichgewicht, in dem in- und ausländische Preise übereinstimmen. Bei unendlich schneller Anpassungsgeschwindigkeit des Wechselkurses gilt stets:

$$(1) \quad e = \frac{P}{P'}$$

Der Wechselkurs wird also im Güterarbitragegleichgewicht durch das Verhältnis zwischen in- und ausländischem Güterpreis in der jeweiligen Landeswährung bestimmt.

Im Zentrum des Güterarbitragemodells steht die Hypothese, der Wechselkurs sorge stets für eine Übereinstimmung des in- und ausländischen Güterpreises in einheitlicher Währung.

In unserem Beispiel wurde dabei kein Unterschied zwischen der engen und weiten Fassung gemacht. Tatsächlich kann gezeigt werden, **daß auf Binnengüter die absolute Kaufkraftparität nicht anwendbar ist**:

Gehen wir einmal davon aus, im In- und Ausland würden sowohl ein vollständig substitutives als auch jeweils ein reines Binnengut produziert. Es herrsche in beiden Ländern ein Walrasianisches Gleichgewicht. Letzteres bedeutet, daß sich zwischen dem handelsfähigen Gut und dem Binnengut ein relativer Preis herausbildet, der allein durch die Technologie und die Präferenzstruktur bestimmt wird. Bei Öffnung der Grenzen kommt ein Güterarbitragegleichgewicht in bezug auf die handelsfähigen Güter ("tradeables") hinzu. Die Güterarbitrage betrifft dabei wohlbemerkt nur "tradeables". Nur diese bestimmen also auch Devisenangebot und -nachfrage. Im Güterarbitragegleichgewicht folgt für den relativen Preis des Binnengutes:

$$(2) \quad q = \frac{P^N}{P'e} = \text{const}$$

P^N bezeichnet dabei den absoluten Binnengutpreis, q den relativen Preis, der im Walrasianischen Gleichgewicht quasi exogen ist. Obige Gleichung kann umgeformt werden zu:

$$(3) \quad e = \frac{P^N}{P'} \cdot \frac{1}{q}$$

$$\text{oder:} \quad P^N = (P'e)q$$

Solange also der relative Preis des Binnengutes nicht gleich eins ist, gilt die absolute Kaufkraftparität nicht für das Binnengut. Ein relativer Preis von eins zwischen Binnen- und handelsfähigem Gut ist aber nur möglich, wenn beide **vollständig substitutiv** sind. Dies aber würde bedeuten, daß kein Binnengut existiert.

Aber selbst wenn man die absolute Kaufkraft nur für handelsfähige Güter beansprucht, sind Zweifel an ihrer Gültigkeit angebracht: Im Zentrum des Güterarbitragemodells steht die Hypothese, der Wechselkurs sorge stets für eine Übereinstimmung zwischen in- und ausländischem Preis in einheitlicher Währung. Der Wechselkurs ist wiederum der Preis für Devisen. Eine Änderung dieses Preises setzt folgerichtig eine Divergenz zwischen Devisenangebot und -nachfrage voraus. Implizit enthalten ist also im Güterarbitragemodell die Annahme, jede Divergenz zwischen in- und ausländichem Güterpreis führe zu einem Ungleichgewicht auf dem Devisenmarkt.

Daß dies nicht notwendigerweise der Fall ist, zeigen die folgenden Ausführungen [1]:

Angenommen, der inländische Güterpreis übersteige den ausländischen. In diesem Fall wird sich die gesamte Weltnachfrage auf den Auslandsmarkt richten. Dies wird auch im Güterarbitragemodell so gesehen. Zusätzlich werden jedoch die gewinnmaximierenden Unternehmen ihr Angebot auf den Markt richten, auf dem der Preis am höchsten ist, und das ist im Inland.

Während sich also die in- und ausländische **Nachfrage** auf den Auslandsmarkt richtet, konzentriert sich das inländische und ausländische **Angebot** auf den Inlandsmarkt. Keiner der Marktakteure kann mithin seine Pläne realisieren: Auf dem Auslandsmarkt kommt es zu einer Übernachfrage in Höhe der Weltnachfrage und auf dem Inlandsmarkt zu einem Überangebot in Höhe des Weltangebotes.

Der Wechselkurs wird in dieser Situation nur reagieren, wenn der Devisenmarkt frequentiert wird. Dies setzt voraus, daß die Inländer Devisen nachfragen. Hierbei ist zu berücksichtigen, daß im Güterarbitragemodell in Übereinstimmung mit einer "Walrasianischen Welt" **vollkommene Markttransparenz** unterstellt wird. Die Inländer wissen also, daß sie ihre geplanten Importe nicht realisieren können. Warum sollten sie dann die zum Kauf notwendigen Devisen erwerben? Wohlbemerkt ist jegliche Spekulation ausgeschlossen. Trägt man den genannten Sachverhalten Rechnung, ist zu bezweifeln, daß der Wechselkurs in der Lage ist, die Übereinstimmung von in- und ausländischen Güterpreisen herzustellen, vielmehr ist davon auszugehen, daß die Anpassungslast auf den Preisen selbst ruht.

Letztendlich liegt der Optimismus hinsichtlich der Anpassungsfähigkeit des Wechselkurses darin begründet, daß der Situation auf den in- und ausländischen Gütermärkten zu wenig Beachtung gewidmet wird, ein Mangel, der auch den im folgenden zu behandelnden partialanalytischen Ansätzen anhaftet.

1) Vgl. I. Größl (1986), S. 96 ff.

3.2 Der Elastizitätsansatz bei flexiblen Wechselkursen

Wie in II. 1.2 verdeutlicht, handelt es sich hierbei ursprünglich um ein Modell, mit dem die Wirkung einer Abwertung auf die Handelsbilanz untersucht wurde. Bei flexiblen Wechselkursen führt dieser Ansatz hingegen zur **relativen Kaufkraftparität.**

Ausgangspunkt ist die Annahme, in- und ausländische Güter seien lediglich **unvollständig substitutiv.** Sowohl die Importe als auch die Exporte hängen vom Verhältnis zwischen in- und ausländischen Preisen für die unvollständig substitutiven Güter ab. Dieses Preisverhältnis ist das alleinige Argument in den Import- und Exportfunktionen.

Im einfachsten Fall werden alle im In- und Ausland produzierten Güter jeweils zu einem homogenen Güterbündel zusammengefaßt mit einem einheitlichen Preisniveau. Zwischen dem im In- und Ausland produzierten Güterbündel besteht eine unvollständige Substitutionsbeziehung. Die im- und exportierten Güter hängen in diesem Fall vom Verhältnis zwischen dem in- und ausländischen Güterpreis ab. Ein Ausdruck dafür ist in unserem Beispiel der **reale Wechselkurs**, den wir mit τ bezeichnen wollen [1]:

$$(1) \quad \tau = \frac{P'e}{P}$$

Grundlage für Devisenangebot und -nachfrage sind nicht die im- und exportierten Gütermengen, sondern die begleitenden **Zahlungsströme.** Ein Ungleichgewicht auf dem Devisenmarkt entsteht immer dann, wenn gilt:

$$(2) \quad \mathrm{Ex}\left(\underset{+}{\tau}\right)P - \mathrm{Im}\left(\underset{-}{\tau}\right)P'e \neq 0$$

Ex = realer Export

Im = realer Import

Devisenmarktgleichgewicht umfaßt demnach:

$$(2) \quad \mathrm{Ex}(\tau)P = \mathrm{Im}(\tau)P'e$$

Dividiert man die linke und rechte Seite mit P , erhalten wir:

$$(3) \quad \mathrm{Ex}(\tau) = \mathrm{Im}(\tau)\tau$$

---

1) Der reale Wechselkurs beschreibt das Verhältnis zwischen **gesamtwirtschaftlichen** Preisindices in der Landeswährung. Dagegen beziehen sich die "terms of trade" nur auf international gehandelte Güter. Im vorliegenden Modell entsprechen sich beide.

Gleichung (3) macht deutlich, daß ein Devisenmarktgleichgewicht nur möglich ist, wenn der **realer Wechselkurs** sich nicht ändert. Dies setzt voraus, daß die **Änderungsrate des nominellen Wechselkurses** internationale Inflationsdifferenzen ausgleicht, also die **relative Kaufkraftparität** gilt:

$$(4) \quad \hat{\tau} = \hat{P}' + \hat{e} - \hat{P} = 0$$

$$(5) \quad \hat{e} = \hat{P} - \hat{P}'$$

(Mit dem Symbol "^" werden Wachstumsraten bezeichnet).

Die Währung desjenigen Landes wertet also ab, das die im Vergleich zum anderen Land höhere Inflationsrate aufweist.

Ob der Wechselkurs allerdings Devisenangebot und -nachfrage zur Deckung bringt, hängt von der **Stabilität** des in Gleichung (3) beschriebenen Devisenmarktgleichgewichts ab. Nehmen wir zur Veranschaulichung an, der Importwert übersteige den Exportwert: auf dem Devisenmarkt herrscht also eine **Übernachfrage**. In diesem Fall wird die inländische Währung abwerten. Die Stabilität des Devisenmarktes setzt nun voraus, daß eine Abwertung die Übernachfrage nach Devisen abbaut. Nun führt jedoch der höhere Wechselkurs dazu, daß bei der alten importierten Menge der **Importwert** steigt. Somit geht die Übernachfrage nach Devisen nur zurück, wenn die ex- und importierten Mengen genügend preiselastisch reagieren. Bei anfänglich herrschendem Devisenmarktgleichgewicht ist dies erfüllt, wenn der Absolutwert der Summe aus Export- und Importmengenelastizität den Wert eins übersteigt, also die **Marshall-Lerner-Bedingung** gilt [1]:

$$\mu_x - \mu_m > 1$$

$$\mu_x = \frac{dEx}{de}\frac{e}{Ex} > 0$$

$$\mu_m = \frac{dIm}{de}\frac{e}{Im} < 0$$

Wie dem Güterarbitragemodell haftet auch dem Elastizitätsansatz zur Erklärung der Kaufkraftparität der Mangel an, Devisenangebot und -nachfrage einseitig

- durch **Handelsströme** zu bestimmen und dabei
- die Beziehung zu den **Gütermärkten** außer acht zu lassen.

1) Vgl. zur Ableitung Kapitel II. 1.2.

Letzteres zeigt sich in der Annahme, P und P' seien exogen. Damit bleibt die Möglichkeit unberücksichtigt, daß die Güterpreise in der jeweiligen Landeswährung selbst auf den Wechselkurs reagieren. Zudem erweist sich der Ansatz als einseitig insofern, als neben dem realen Wechselkurs keine weiteren Bestimmungsfaktoren von Exporten und Importen berücksichtigt werden. Dies weist auf den folgenden Ansatz hin.

3.3 Das keynesianische Einkommensmodell bei fixen Preisen

Dieser Ansatz führt zu der Hypothese, der Wechselkurs werde durch das **Verhältnis zwischen in- und ausländischem Einkommen** bestimmt, dergestalt, daß die Währung des schneller wachsenden Landes **abwertet**. Ausgangspunkt ist die Annahme konstanter Güterpreise im In- und Ausland. Die Unternehmungen passen sich mit ihrer Güterproduktion an die Güternachfrage an. Wie im Elastizitätsansatz sind in- und ausländische Güter **unvollständig substitutiv**. Bei annahmegemäß konstanten Preisen entsprechen realer und nomineller Wechselkurs einander. Der mengenmäßige Export ist positiv, die reale Importnachfrage negativ mit dem nominellen Wechselkurs korreliert. Als zusätzlicher Bestimmungsfaktor für den Export wird nun das ausländische Einkommen berücksichtigt. Steigt dieses, werden die Ausländer mehr inländische Güter nachfragen. Entsprechend besteht eine positive Korrelation zwischen der Importnachfrage und dem inländischen Volkseinkommen. Devisenangebot und -nachfrage werden wiederum vollständig durch die Handelsströme abgebildet. Im Devisenmarktgleichgewicht gilt:

$$(1)\quad Ex\left(\underset{+}{e},\underset{+}{Y'}\right)-Im\left(\underset{-}{e},\underset{+}{Y}\right)e = 0 \qquad P = P' = 1$$

Sind die ausländische und die inländische Elastizität des Imports in bezug auf Änderungen des Einkommens annähernd gleich, dann folgt für die Änderungsrate des Wechselkurses:

$$(2)\quad \hat{e} = \frac{\hat{Y}-\hat{Y}'}{\mu_x-\mu_m-1}$$

Wieder muß im Interesse der Stabilität des Devisenmarktes die Marshall-Lerner-Bedingung erfüllt sein. Ist dies gewährleistet, dann wertet die Währung des schneller wachsenden Landes ab. Wächst z. B. das Inland schneller, so bedeutet dies, daß der inländische Import schneller zunimmt als der Export. Die entstehende Übernachfrage nach Devisen induziert eine Abwertung.

Gegen diesen Ansatz kann im Prinzip dasselbe eingewendet werden wie gegen den Elastizitätsansatz. Während allerdings dort die einseitige Berücksichtigung von Preisen als Argument in den Import- und Exportfunktionen stört, ist nun Kritik an der Annahme fixer Preise angebracht.

3.4 Zusammenfassung

Zusammenfassend können wir festhalten: Realwirtschaftliche Partialmodelle sehen in Güterströmen zwischen In- und Ausland die Hauptbestimmungsfaktoren für den Wechselkurs. Damit rücken die Bestimmungsfaktoren für Im- und Exporte in den Mittelpunkt: Das Güterarbitragemodell unterstellt zwischen in- und ausländischen Gütern eine vollständige Substitutionsbeziehung. Wechselkursänderungen werden durch absolute Preisunterschiede induziert. Auf dieser Grundlage wird der Wechselkurs durch das Verhältnis zwischen in- und ausländischem Preis für (handelsfähige) Güter bestimmt (absolute Kaufkraftparität). Elastizitätsansatz und Einkommensansatz unterstellen dagegen eine unvollständige Substitutionsbeziehung. Im Elastizitätsansatz sind die nationalen Einkommensniveaus gegeben; Wechselkursänderungen werden durch Differenzen in den nationalen Inflationsraten erklärt (relative Kaufkraftparität). Im Einkommensansatz hingegen sind die nationalen Preisniveaus konstant. Wechselkursänderungen werden durch Diskrepanzen im Einkommenswachstum der Länder bestimmt.

4 Finanzwirtschaftliche Partialmodelle der Wechselkursbestimmung

Grundlage für die Wechselkursbestimmung sind in den folgenden Modellen ausschließlich **Kapitalströme**. Für ihre Determinanten ist maßgeblich, ob in und ausländische Anlagen als vollkommen oder als unvollkommen substitutiv betrachtet werden. Im erstgenannten Fall gelangen wir zu **Zinsparitätentheorie**, mit der **Bubbletheorie** als Variante, im letztgenannten Fall zum **partiellen Portfolio-Balance-Ansatz.**

4.1 Die Zinsparitätentheorie [1)]

Betrachtet werden ein in- und ausländisches festverzinsliches Wertpapier. Die Substitutionsbeziehung zwischen beiden Finanzaktiva ist **vollkommen**. Der Zinsparitätentheorie liegen die folgenden Überlegungen zugrunde: Ein Investor überlegt, ob er einen Geldbetrag H im In- oder im Ausland anlegen soll. Er wird dazu die Erträge aus beiden Anlagealternativen miteinander vergleichen.

Kauft der Investor für den Geldbetrag H inländische Wertpapiere, dann ist die Anlagesumme nach einem Jahr auf $(1+i)H$ angewachsen. i bezeichnet dabei den nominellen Inlandszins. Legt er den Betrag H im Ausland zum Zinssatz i' an, wird er im Anlagezeitpunkt für diesen Betrag auf dem **Kassamarkt** Devisen erwerben. Der entsprechende Anlagebetrag in Auslandswährung beläuft sich dann auf H/e und ist nach einem Jahr auf $H/e(1+i')$ angewachsen. Will sich der Anleger vor Wechselkursverlusten schützen, verkauft er im Anlagezeitpunkt diesen Betrag **per Termin** zum Terminkurs e^T . In diesem Fall verfügt er nach einem Jahr über $(1+i')H(e_T/e)$ an inländischen Währungseinheiten.

Wenn in- und ausländische Vermögenstitel vollständig substitutiv sind, wird der Investor den Betrag H in voller Höhe dort investieren, wo er nach einem Jahr den höheren Erlös erhält. Zu einem **Kapitalexport** kommt es immer dann, wenn gilt:

$$(1)\quad (1+i')\left(\frac{e^T}{e}\right)H > (1+i)H$$

Dividiert man die linke und rechte Seite durch $(1+i')H$, erhalten wir:

$$(2)\quad \frac{e^T}{e} > \frac{1+i}{1+i'}$$

Erweitern wir nun die linke und rechte Seite mit - 1, führt dies zu:

$$(3)\quad \frac{e^T-e}{e} > \frac{i-i'}{1+i'}$$

Für kleine Zinssätze gilt annähernd

$$(4)\quad \left(i'+\frac{e^T-e}{e}\right) > i$$

1) Vgl. F.O. Bilson (1979).

als Kriterium für einen Kapitalexport. Im Rahmen der Zinsparitätentheorie werden Kapitalbewegungen also durch **internationale Renditedifferenzen** bestimmt. Es liegen somit **zinsdifferenzbedingte Kapitalbewegungen** vor.

Durch die **Arbitrage** werden Anpassungsmechanismen ausgelöst, die eine internationale Renditedifferenz beseitigen. Bei festen Wechselkursen wird eine Anpassung der nationalen Zinssätze unterstellt. Bei flexiblen Wechselkursen übernimmt annahmegemäß der Wechselkurs diese Aufgabe.

Im Zinsarbitragegleichgewicht gilt dann näherungsweise:

$$(5)\quad i = i' + \frac{e^T - e}{e}$$

Sichert sich der Investor nicht durch ein Termingeschäft ab, steht anstelle des Terminkurses der für die nächste Periode erwartete Wechselkurs. Die Rendite ausländischer Wertpapiere ist dann gleich der Summe aus Auslandszins und **erwarteter** Wechselkursänderung. Im Arbitragegleichgewicht gilt dann:

$$(6)\quad i = i' + \varepsilon$$

$$(7)\quad \varepsilon = \frac{e^e_{t+1} - e}{e}$$

ε = erwartete Wechselkursänderung

e^e_{t+1} = erwarteter Kassakurs

Hierbei wird im Rahmen der Zinsparitätentheorie die Annahme getroffen, daß Arbitragebewegungen zwischen Termin- und Kassamarkt zu einer **Übereinstimmung von Terminkurs und erwartetem Kassakurs** führen. Dies wird mit der Effizienz der Devisenmärkte begründet [1)]. Es gilt somit:

$$(8)\quad e^e_{t+1} = e^T$$

Das Zinsarbitragegleichgewicht läßt sich im übrigen auch durch Realzinssätze ausdrücken:

$$(9)\quad r = i - \pi^e$$

1) Vgl. zur Beziehung zwischen Kassa- u. Terminmarkt H.J. Jarchow, P. Rühmann (1982), Bd. I, S. 220 ff.

(10) $r' = i' - \pi^{e'}$

π^e = erwartete Inflationsrate

Die Gleichungen (9) und (10) definieren den Realzins als Differenz zwischen dem Nominalzins und der erwarteten Inflationsrate. Eingesetzt in Gleichung (6) erhalten wir:

(11) $r' - r = \pi^e - (\pi^{e'} + \varepsilon)$

Die Idee geht auf I. FISHER zurück und wird oft als **"the Fisher open theory"** bezeichnet.

Im Zentrum der Zinsparitätentheorie stehen also zwei Hypothesen:

1. **Kapitalbewegungen werden ausschließlich durch die Zinsarbitrage bestimmt.**
2. **Der Wechselkurs sorgt für Zinsarbitragegleichgewicht.**

Kritisch gegen letztgenannte Hypothese kann eingewendet werden, daß die Vorgänge auf den in- und ausländischen Vermögensmärkten unberücksichtigt bleiben. Dies gilt insbesondere für die Situation eines Zinsarbitrageungleichgewichts. Ist nämlich z. B. die ausländische Wertpapierrendite höher als die inländische, wird sich die gesamte Weltnachfrage auf den Auslandsmarkt richten. Grundsätzlich ist davon auszugehen, daß der Bestand bzw. das Angebot an Inlandspapieren positiv ist. Ist dieses vom Zins unabhängig, dann hat eine im Ausland höhere Rendite im Inland ein Überangebot in Höhe des gesamten Wertpapierbestandes zur Folge. Zusätzlich ist im Falle eines großen Landes von einer Übernachfrage auf dem ausländischen Wertpapiermarkt auszugehen [1]. Zinsarbitrageungleichgewicht induziert somit nicht nur ein Ungleichgewicht auf dem Devisenmarkt, sondern zugleich auf den in- und ausländischen Vermögensmärkten. Dann aber ist möglicherweise nicht nur der Wechselkurs an der Herstellung eines Zinsarbitragegleichgewichts beteiligt. Es sind Änderungen der Zinssätze mit zu berücksichtigen. Maßgebliche Bedeutung hat dabei die **Anpassungsgeschwindigkeit**. Nur dann nämlich, wenn der Wechselkurs **vor** den Zinssätzen reagiert, wird Zinsarbitragegleichgewicht über Kursänderungen realisiert [2].

1) Die Annahme eines zinsunabhängigen Wertpapierangebots führt - anders als im Güterarbitragemodell - dazu, daß Wertpapierkäufe (-verkäufe) realisiert werden können.

2) Vgl. I. Größl (1986), S. 82 ff.

Ferner müssen als weitere Bedingung Kapitalbewegungen **ausschließlich** durch die Zinsarbitrage bestimmt werden. Dies trifft den erstgenannten Einwand gegen die Zinsparität. Insbesondere Vertreter der **Portfoliotheorie** weisen darauf hin, daß Kapitalbewegungen aus Entscheidungen über das Gesamtvermögen abzuleiten sind. Kapitalbewegungen umfassen in diesem Sinne eine Änderung der Bestandsnachfrage nach den Vermögenstiteln des jeweils anderen Landes. In diesem Zusammenhang wird auf eine Änderung des **Gesamtvermögens** als einen wichtigen Bestimmungsfaktor für Kapitalbewegungen hingewiesen.

Des weiteren wird von Vertretern der Portfoliotheorie die Vollständigkeit der Substitutionsbeziehung zwischen in- und ausländischen Anlagen in Frage gestellt. Begründet wird dies insbesondere mit der Unsicherheit im Hinblick auf die zu erwartenden Renditen. Die Risiken in- und ausländischer Anlagen können danach nicht als identisch betrachtet werden.

All diese Einwände leiten zum **Portfolio-Balance-Ansatz** über. Bevor wir auf diesen Ansatz Ansatz eingehen, werfen wir einen Blick auf die **Bubble-Theorie**.

4.2 Elemente der Bubble-Theorie [1)]

Insbesondere seit Beginn der 80er Jahre wird verstärkt nach den Ursachen für die beobachteten häufigen und erratischen Abweichungen der Preise für Finanzaktiva von sogenannten "fundamentals" geforscht. Als fundamentale Bestimmungsfaktoren werden reale Determinanten ins Feld geführt. Die daraus entstandene Bubble-Theorie wurde auf das Wechselkursverhalten übertragen. Als fundamentale Bestimmungsfaktoren rangieren die Kaufkraftparität und reale Wachstumsdifferenzen. Unter einem "bubble" werden dabei **kumulative Abweichungen** hier: des Wechselkurses von seinen fundamentalen Bestimmungsfaktoren verstanden, die im Aussehen einer Seifenblase gleichen. Als zentrale Ursache hierfür wird eine bestimmte **Erwartungshaltung** der Devisenmarktakteure ins Feld geführt. Ausgangspunkt bildet dabei in der Regel die Zinsparität in der log-linearen Schreibweise:

$$(1) \quad i_t - i'_t \; = \; ln e^*_{t+1} - ln e_t$$

1) Vgl. R. Dornbusch (1982).

Die bislang offengelassene Erwartungshypothese wird nun spezifiziert. Z. B. werden risikoneutrale Anleger unterstellt, die wissen, daß der Wechselkurs nicht der Kaufkraftparität folgt [1]. Mit einer Wahrscheinlichkeit α erwarten sie einen Crash, der den Wechselkurs zur Kaufkraftparität zurückführt. Mit einer Wahrscheinlichkeit $1-\alpha$ erwarten sie hingegen, daß die Abweichung des Wechselkurses andauert. Damit folgt:

$$(2) \quad lne^{*}_{t+1} - lne_t \;=\; \alpha(\overline{e} - e_t) + (1-\alpha)(lne_{t+1} - lne_t)$$

$\overline{e}$ symbolisiert dabei den fundamentalen Wechselkurs. Eingesetzt in Gleichung (1), erhalten wir:

$$(1a) \quad lne_{t+1} - lne_t \;=\; \frac{i_t - i'_t}{1-\alpha} + \frac{\alpha}{1-\alpha}(e_t - \overline{e})$$

Gleichung (1a) wird als Bestimmungsgleichung für den Wechselkurs interpretiert. Die Rate der Abwertung wird dann durch drei Faktoren bestimmt:

1. durch die Zinsdifferenz. Hierbei wertet die heimische Währung offensichtlich **ab**, wenn der inländische den ausländischen Zins übersteigt.
2. durch die Differenz zwischen dem laufenden und dem fundamentalen Wechselkurs. Hierbei wertet die heimische Währung offensichtlich ab, wenn der laufende den fundamentalen Kurs übersteigt.
3. durch die Wahrscheinlichkeit α für einen Crash.

(1a) führt zu einer Differenzengleichung erster Ordnung. Ihr homogener Teil gibt uns darüber Auskunft, ob es zu kumulativen Abweichungen, also zu einem Bubble kommt:

$$(3) \quad lne_{t+1} - lne_t \;=\; \frac{\alpha}{1-\alpha} lne_t$$

Dies führt zu:

$$(3a) \quad lne_{t+1} \;=\; \left[\frac{1}{1-\alpha}\right] lne_t$$

Als Ansatz wählen wir [2]:

1) Risikoneutral ist ein Anleger dann, wenn er zwei Aktiva gleich bewertet, die zwar denselben Erwartungswert, aber verschiedene Risiken aufweisen. Ein risikoneutraler Anleger maximiert den Erwartungswert seines Portefeuilles.

2) Vgl. zur Lösung von Differenzangleichungen A.E. Ott 1970.

(4) $\ln e_{t+1} = \lambda^{t+1}$

Dies führt zu der charakteristischen Gleichung:

(5) $\lambda = \left[\frac{1}{1-\alpha}\right]$

Da α kleiner als eins ist, ist λ größer als eins. Damit aber weicht der Wechselkurs immer stärker von seinem Gleichgewichtswert ab; es kommt also zu kumulativen Abweichungen, in diesem Fall zu einem "ever-lasting bubble".

Gleichung (1a) zeigt im übrigen auch, daß eine bestehende Zinsdifferenz dafür sorgen kann, daß der Wechselkurs nicht nur dauerhaft von seinem fundamentalen Wert abweichen kann, sondern zugleich einen konstanten Wert annehmen kann.

Wie im Rahmen der Zinsparitätentheorie ist allerdings kritisch auf die Hypothese hinzuweisen, die Zinsparitätengleichung sei eine **Bestimmungsgleichung** für den Wechselkurs.

4.3 Der partialanalytische Portfolio-Balance-Ansatz

4.3.1 Das Grundmodell

Dieses Modell basiert auf der Annahme, daß Kapitalbewegungen aus Portfolioentscheidungen resultieren, die die optimale Strukturierung eines gegebenen Vermögens bei Unsicherheit betreffen. Grundlage bilden also die Ausführungen in II. 2.3.2. Charakteristisches Merkmal der Portfoliotheorie ist die Annahme, der Anleger erwarte für jedes Aktivum jeweils mehrere Renditen mit bestimmter Wahrscheinlichkeit. Die Erwartungen sind also **mehrwertig**. Infolgedessen unterliegen die Entscheidungen dem Verlustrisiko. Annahmegemäß wählt der Investor diejenige Vermögensstruktur, die seinen **Erwartungsnutzen maximiert** [1].

Ein diversifiziertes Portefeuille wird gewählt, wenn die Anlagen nicht vollständig substitutiv sind, d.h. wenn ihre Einzelrisiken nicht identisch sind. Eben diese Situation wird für das Verhältnis zwischen in- und ausländischen Vermögenstiteln angenommen. Unterschiedliche Risiken zwischen in- und ausländischen Anlagen führen dazu, daß selbst dann, wenn die Rendite im Ausland höher ist, der Anleger

1) Dies setzt Risikoaversion voraus.

nicht auf das Halten von inländischen Vermögenstiteln verzichten wird. Dies betrifft sowohl Wertpapiere als auch inländische Währung. Bei gegebenen Einzelrisiken ist das **Renditeverhältnis** oder synoym: der **Renditeabstand** ein Entscheidungskriterium für die optimale Strukturierung des Vermögens, und damit für die **optimalen Bestände** an in- und ausländischen Vermögenstiteln. Bei der im allgemeinen unterstellten **Risikoaversion** wollen die Anleger den Bestand desjenigen Aktivums erhöhen, dessen Rendite im Vergleich zu den anderen steigt.

Ein weiteres Kriterium für den optimalen **Bestand** an einem Aktivum ist die **Vermögenshöhe**. Nimmt das Niveau des Gesamtvermögens zu, steigt ceteris paribus der angestrebte Bestand aller Anlagealternativen.

Angenommen, es handle sich bei der betrachteten Volkswirtschaft um ein kleines Land. Ausländer halten keine inländischen Wertpapiere. Dann können die soeben angestellten Überlegungen wie folgt modelliert werden:

$$(1) \quad W = \frac{M^{n}}{P} + \frac{B^{n}}{P} + \frac{B^{n'}e}{P} \equiv M + B + B'e$$

Gleichung (1) beschreibt die Vermögensrestriktion. W , das Gesamtniveau des Vermögens, ist für den Investor ein Datum. Das Vermögen setzt sich zusammen aus der realen Geldmenge M^{n}/P , dem realen Kurswert des inländischen Wertpapierbestandes B^{n}/P und dem realen Kurswert des ausländischen Wertpapierbestandes $B^{n'}e/P$. Der Einfluß von Kursveränderungen wird mit Ausnahme von Wechselkursänderungen vereinfachend vernachlässigt. Entsprechend dem Partialcharakter des Modells sind die Preisniveaus Daten. Die nominellen Bestände an Geld (M^{n}) , inländischen Wertpapieren (B^{n}) und ausländischen Wertpapieren ($B^{n'}e$) sind ebenfalls vorgegeben. Die Maximierung des Erwartungsnutzens führt zu:

$$(2) \quad M^{d} = L\left(\underset{-}{i}, \underset{-}{i' + \varepsilon}, \underset{+}{Y}, \underset{+}{W}\right)$$

$$(3) \quad B^{d'} = F\left(\underset{-}{i}, \underset{+}{i' + \varepsilon}, \underset{\mp}{Y}, \underset{+}{W}\right)$$

$$(4) \quad B^{d} = W - M^{d} - B^{d'}$$

Gleichung (2) beschreibt den angestrebten realen Geldbestand, Gleichung (3) den angestrebten ausländischen Wertpapierbestand, ausgedrückt in der inländischen Kaufkraft, Gleichung (4) den angestrebten Realbestand an inländischen Wertpapieren. Gleichung (4) ist eine unmittelbare Konsequenz der Vermögensrestriktion: Ist W , das Gesamtniveau des Vermögens, vorgegeben, können von drei Anlagealternativen nur zwei unabhängig voneinander bestimmt werden. Die angestrebten Bestände hängen neben den Renditen vom exogen gegebenen Einkommen Y und vom Vermögen selbst ab. Es wird unterstellt, daß die angestrebten Bestände sofort realisiert werden sollen. Unter dieser Annahme entsprechen sie der jeweiligen Vermögensnachfrage.

Bei **festen** Wechselkursen paßte sich B' jederzeit an die Nachfrage nach Auslandsaktiva an. Dies ist nun bei flexiblen Wechselkursen nicht mehr der Fall: Angenommen, der angestrebte übersteige den tatsächlichen Bestand an Auslandspapieren. In diesem Fall kommt es zu einem Kapitalexport in Höhe von $B^{d'} - B'e$. Ceteris paribus bedeutet dies eine Übernachfrage nach Devisen. Der Wechselkurs steigt. Er paßt sich solange an, bis $B'e$ dem gewünschten Bestand entspricht. Im Gegensatz zum Modell fester Kurse ist B' unverändert geblieben. Aufgrund der Vermögensrestriktion ist dabei zu berücksichtigen, daß eine Differenz zwischen $B^{d'}$ und $B'e$ ein **Vermögensstrukturungleichgewicht** umfaßt. Neben dem Wechselkurs wird somit auch der Zins reagieren.

Zusammenfassend können wir festhalten:

Annahmegemäß werden Devisenangebot und -nachfrage allein durch Kapitalbewegungen bestimmt. Unter dieser Annahme ist ein Ungleichgewicht auf dem Devisenmarkt durch zwei Merkmale gekennzeichnet:

1. Es entspricht einer Divergenz zwischen dem nachgefragten und tatsächlichen **Bestand** an Auslandsaktiva. In diesem Sinne spricht man vom Portfolio-Balance-Ansatz als einem **Bestandsansatz** der Wechselkursbestimmung.

2. Ein Ungleichgewicht auf dem Devisenmarkt ist Ausdruck eines **Vermögensstrukturungleichgewichts** und als solches Ausdruck eines Ungleichgewichts auf den inländischen Vermögensmärkten.

Annahmegemäß sorgen Inlandszins und Wechselkurs jederzeit für ein Vermögensstrukturgleichgewicht, so daß stets gilt:

$$(5) \quad \frac{M^n}{P} = M^d = M$$

$$(6) \quad \frac{B^{n'}e}{P} = B^{d'} = B'e$$

Über die Vermögensrestriktion herrscht dann auch Gleichgewicht auf dem Inlandsmarkt für Wertpapiere.

Maßgeblich für den Wechselkurs im Portfolio-Balance-Ansatz ist also das **Verhältnis zwischen angebotenen und nachgefragten in- und ausländischen Finanzaktiva.**

Als letztendliche Bestimmungsfaktoren des Wechselkurses kommen somit in Frage:

- die aktuellen Vermögensbestände
- die erwartete Wechselkursänderung
- die Höhe von Preisniveau und Einkommen.

4.3.2 Beispiele für Erwartungshypothesen

Steigt z. B. die erwartete Abwertungsrate, werden die Anleger ihr Vermögen zugunsten ausländischer Anlagen umstrukturieren wollen. Dies hat eine Übernachfrage nach Devisen zur Folge, die heimische Währung wertet tatsächlich ab. Es liegt mithin "self-fulfilling-prophecy" vor. Wichtig für die Wechselkursbestimmung ist nun allerdings die Frage, wann die Anleger ihre Erwartungen ändern. In der Theorie sind hierzu alternative Erwartungshypothesen aufgestellt worden. Am häufigsten verwendet werden

- adaptive Erwartungen
- "myopic perfect foresight"
- "long-run perfect foresight" (semi-rationale Erwartungen)

Betrachten wir zunächst **adaptive Erwartungen**. Liegt eine Situation vor, in der Wechselkursänderungen nicht die Regel, sondern die Ausnahme darstellen, wird die erwartete Wechselkursänderung definiert als Differenz zwischen dem für $t+1$ erwarteten und dem laufenden Niveau des Wechselkurses, bezogen auf e_t .

$$(1) \quad \varepsilon_t = \frac{e^e_{t+1} - e_t}{e_t}$$

Adaptive Erwartungen unterstellen, daß der für $t+1$ erwartete Wechselkurs immer dann korrigiert wird, wenn die Akteure in der laufenden Periode einem Erwartungsirrtum unterlegen sind:

$$(2) \quad e^e_{t+1} - e^e_t = \Theta(e_t - e^e_t) \qquad 0 < \Theta < 1$$

Eingesetzt in Gleichung (1) erhalten wir:

$$(1a) \quad \varepsilon_t = \Theta - 1 + (1-\Theta)\frac{e_t^e}{e_t}$$

e_t^e wurde dabei in $t-1$ gebildet und stellt in der Periode t ein Datum dar. Im Falle eines Anstiegs des Wechselkurses werden die Anleger also damit rechnen, daß der Wechselkurs in $t+1$ **aufwerten** wird.

Wie bereits angedeutet, sind W und Y weitere Bestimmungsfaktoren von e . Ändern sie sich ständig im Zeitablauf, weist auch der gleichgewichtige Wechselkurs Änderungen im Zeitablauf auf. **Adaptive Erwartungen** werden dann bestimmt durch:

$$(3) \quad \Delta\varepsilon_t = \Theta(\hat{e}_{t-1} - \varepsilon_{t-1})$$

diskrete Zeitmessung

$$(4) \quad \dot{\varepsilon} = \frac{d\varepsilon}{dt} = \Theta(\hat{e} - \varepsilon)$$

kontinuierliche Zeitmessung

Hierbei beschreibt das Symbol "∧" die Wachstumsrate der Variablen.

"Myopic perfect foresight" wird oftmals mit rationalen Erwartungen in einem deterministischen Modell gleichgesetzt. Die Wirtschaftssubjekte antizipieren die erwartete Änderung des Wechselkurses bzw. seinen erwarteten Wert korrekt. Wie im nachfolgenden Modell der internationalen Währungssubstitution noch dargestellt werden wird, kann "myopic perfect foresight" destabilisierend wirken.

"Long-run perfect foresight" wird oftmals mit **semi-rationalen Erwartungen** in einem deterministischen Modell gleichgesetzt. Die Wirtschaftssubjekte kennen zwar den langfristigen Gleichgewichtswert, nicht aber den kurzfristig erwarteten Wert. Übersteigt der langfristige Gleichgewichtswert das aktuelle Niveau des Wechselkurses, rechnen sie mit einer Abwertung, im umgekehrten Fall mit einer Aufwertung. In einem **stationären** Modell folgt:

$$(5) \quad e_{t+1}^e - e_t = \lambda(e^* - e_t) \qquad 0 < \lambda < 1$$

Für ε_t folgt dann:

$$(6) \quad \varepsilon_t = \lambda\left(\frac{e^*}{e_t} - 1\right)$$

e^* ist dabei der langfristige Gleichgewichtswert. Wie bei adaptiven Erwartungen rechnen die Anleger mit einer Aufwertung, wenn der aktuelle Wechselkurs steigt. Weisen Vermögen und/oder Einkommen im Zeitablauf Änderungen auf, folgt:

$$(7) \quad \Delta\varepsilon_t = \lambda(\hat{e}_t^* - \hat{e}_t)$$

$$(8) \quad \dot{\varepsilon} = \lambda(\hat{e}^* - \hat{e})$$

Wichtig ist dabei, daß der gleichgewichtige Wert des Wechselkurses, bzw. seine Änderung aus dem **Gesamtmodell** heraus entwickelt wird.

4.3.3 Effekte von Geldmengenänderungen

Im Hinblick auf die Bestimmungsfaktoren des Wechselkurses wird den Effekten einer Geldmengenänderung besondere Bedeutung beigemessen. Wir nehmen an, die Zentralbank erhöhe durch Offenmarktkäufe von inländischen Wertpapieren die Geldmenge. Betrachten wir zunächst **statische Erwartungen**; ε ist dann konstant.

Ausgangspunkt unserer Analyse sind die Gleichgewichtsbedingungen für den Geld- und den Devisenmarkt.

$$(1) \quad \frac{M^n}{P} = L\left(\underset{-}{i}, \underset{-}{i' + \varepsilon}, \underset{+}{Y}, \underset{+}{W}\right)$$

$$(2) \quad \frac{B^{n*}e}{P} = F\left(\underset{-}{i}, \underset{+}{i' + \varepsilon}, \underset{\substack{+\\-}}{Y}, \underset{+}{W}\right)$$

Die Gleichgewichtsbedingung für den Geldmarkt kann in einem (i, e) -Koordinatensystem als geometrischer Ort derjenigen Zins-Wechselkurskombinationen abgebildet werden, für die Geldangebot und -nachfrage übereinstimmen (MM-Kurve). Die MM-Kurve hat eine **positive** Steigung. Nimmt nämlich der Wechselkurs zu, so steigt die Geldnachfrage aufgrund eines höheren Vermögens. Die Übernachfrage nach Geld wird durch einen Zinsanstieg abgebaut. Die MM-Kurve verschiebt sich nach **rechts**, wenn die Geldmenge und die Rendite ausländischer Aktiva steigen, hingegen nach **links**, wenn der Bestand an Auslandsaktiva, der inländische Wertpapierbestand und das Einkommen zunehmen.

Die graphische Abbildung der Gleichgewichtsbedingung für den **Devisenmarkt** ergibt hingegen eine Kurve mit **negativer** Steigung (FF-Kurve): Nimmt der Inlandszins zu, sinkt die Nachfrage nach Auslandsaktiva. Devisenmarktgleichgewicht erfordert eine Aufwertung. Die FF-Kurve verschiebt sich nach **rechts**, wenn die Rendite für Auslandaktiva, die Geldmenge und der inländische Wertpapierbestand steigen. Sie verschiebt sich hingegen nach **links**, wenn der Bestand an Auslandsaktiva zunimmt. Wie die FF-Kurve auf Einkommensänderungen reagiert, ist nicht eindeutig.

Abbildung (20)

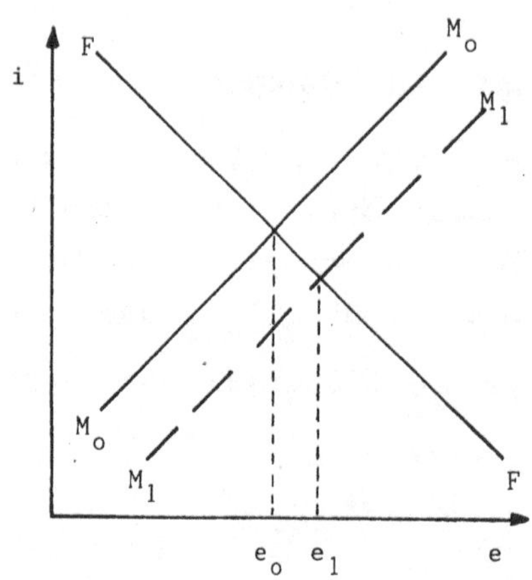

Steigt nun die Geldmenge im Rahmen einer Offenmarktoperation, bleibt W unverändert. Die MM-Kurve verschiebt sich nach rechts. Dagegen behält die FF-Kurve ihre alte Lage bei. Es kommt zu einem neuen Gleichgewicht im Vermögenssektor bei gesunkenem Inlandszins und gestiegenem Wechselkurs. Maßgeblich für die **Abwertung** ist die Substitutionsbeziehung zwischen Kasse und ausländischen Wertpapieren. Steigt M^n , nimmt der Inlandszins ab. Die Wirtschaftssubjekte werden daraufhin ihr Portefeuille zugunsten von ausländischen Wertpapieren umstrukturieren wollen. Es kommt zu einer Übernachfrage nach Devisen und somit zu einer **Abwertung**. Das Ausmaß der erfolgten Wechselkursänderung wird durch die **Enge** der Substitutionsbeziehung bestimmt.

Im Falle von **adaptiven** Erwartungen hat eine erfolgte Abwertung zur Folge, daß die Anleger für die Zukunft mit einer Aufwertung rechnen. Dadurch sinkt die Rendite für Auslandsaktiva. Die geldmengeninduzierte Abwertung fällt somit geringer aus.

Im Falle von **semi-rationalen Erwartungen** ist zusätzlich zu berücksichtigen, daß die Wirtschaftssubjekte ihre Erwartungen bezüglich der zukünftigen Wechselkursänderung davon abhängig machen, wie der Gleichgewichtswert reagiert. Gleichgewicht im Vermögenssektor wird bei im Zeitablauf konstanten Vermögensbeständen und im Zeitablauf konstantem Einkommen als eine Situation definiert, in der keine Wechselkursänderung mehr erwartet wird. Die Effekte der Geldmengenerhöhung entsprechen dann dem Fall statischer Erwartungen. Diese gleichgewichtige Abwertung beziehen die Anleger in ihr Kalkül ein. Eine Geldmengenerhöhung hat somit bereits bei noch konstantem Zinssatz einen Rückgang der Geldnachfrage und einen Anstieg der Nachfrage nach Auslandsaktiva zur Konsequenz. Dieser Effekt führt zu einer stärkeren Abwertung als bei statistischen Erwartungen.

4.3.4 Ausländische Währung als Anlagealternative [1)]

Bislang haben wir unterstellt, die Inländer würden ausländische Währung nicht als Anlagemöglichkeit betrachten. Diese Annahme geben wir jetzt auf und unterstellen stattdessen eine Substitutionsbeziehung zwischen in- und ausländischer Währung. Vereinfachend vernachlässigen wir verzinsliche Aktiva. Für das Vermögen der Wirtschaftssubjekte folgt dann:

$$(1) \quad W = \frac{M^n}{P} + \frac{F^n e}{P}$$

F^n bezeichnet den Nominalwert des Devisenbestandes in ausländischer Währung.

Gemäß der Konzeption des Portfolio-Balance-Ansatzes wollen wir die folgenden Anlagemotive unterstellen:

Devisen werden gehalten, weil sie im Falle einer Abwertung eine positive Rendite abwerfen. Im Entscheidungszeitpunkt ist dabei die **erwartete** Abwertung maßgeblich. Unsicherheit begründet das Risiko des Verlustes aus der Devisenhaltung. Die Hinzunahme von inländischer Währung ermöglicht auf dieser Grundlage eine

1) Vgl. z. B. P.J.K. Kouri (1976).

Verminderung des Gesamtrisikos. Bei gegebenem Einzelrisiko nimmt dabei die Nachfrage nach ausländischer Währung zu und die nach inländischen Geldeinheiten ab, wenn die erwartete Abwertungsrate steigt. Inländische Währung wird ferner gehalten, um dem Transaktionsmotiv Rechnung zu tragen. Auf der Grundlage des Transaktionsmotivs stellen in- und ausländische Währung keine Substitute dar [1]. Entsprechend steigt die Nachfrage nach inländischen Währungseinheiten, wenn das Einkommen zunimmt, während die optimalen Devisenbestände in diesem Fall abnehmen. Somit können wir für die Vermögensnachfragefunktionen schreiben:

$$(2)\quad M^d = L\Big(\underset{-}{\varepsilon}, \underset{+}{Y}, \underset{+}{W}\Big)$$

$$(3)\quad F^d = W - M^d$$

$$(4)\quad \frac{M^n}{P} = L$$

Übersteigt die Nachfrage nach Devisen den Bestand, entspricht dem eine Übernachfrage auf dem Devisenmarkt. Wohlbemerkt wird diese Übernachfrage durch ein **Bestandsungleichgewicht** - durch eine Divergenz zwischen optimalem und tatsächlichem Bestand an Devisen induziert. Der Wechselkurs wird steigen. Damit verbunden ist bei **statischen** Erwartungen via Vermögensanstieg eine Reduzierung der Übernachfrage nach Devisen, bis schließlich Gleichgewicht herrscht. Aufgrund der Vermögensrestriktion entspricht einer Übernachfrage nach Devisenbeständen ein Überangebot an Geld. Der Wechselkurs stellt somit sowohl ein Devisen- als auch ein Geldmarktgleichgewicht her.

Auch im Falle von **adaptiven** und **semi-rationalen Erwartungen** ist die Devisenmarktstabilität gewährleistet. Eine Abwertung, induziert durch eine Übernachfrage nach Devisenbeständen, hat hier eine erwartete Aufwertung zur Folge, die einen Rückgang der Devisennachfrage bewirkt.

Anders sieht es dagegen für "**myopic perfect foresight**" aus. Hier entsprechen tatsächliche und erwartete Rate der Abwertung einander. Devisenmarktgleichgewicht führt in diesem Fall zu einem ständigen sich beschleunigenden Anstieg des Wechselkurses [2].

---

1) Bei gegebenem Gesamtvermögen muß somit ein Mehrbedarf an Transaktionskasse durch den Verkauf von Devisen gedeckt werden.

2) Vgl. hierzu auch 5.3.2.4.

Abschließend wollen wir wiederum die Effekte einer **Geldmengenänderung** untersuchen. Angenommen, die Zentralbank interveniere auf dem Devisenmarkt, indem sie Devisen nachfragt. Einer dort entstandenen Übernachfrage entspricht dann ein Überangebot an Geld. Die heimische Währung wertet ab. Das Ausmaß der Abwertung können wir ermitteln, indem wir Gleichung (4) nach M^n differenzieren. In relativen Änderungsraten folgt:

$$(5)\quad M\hat{M}^n = L_\varepsilon \varepsilon\hat{\varepsilon} + L_W F e\hat{e} \qquad F \equiv \frac{F^n}{P}$$

Dividieren wir die linke und rechte Seite durch M , können wir Elastizitäten formulieren:

$$(5a)\quad \hat{M}^n = \sigma_\varepsilon \hat{\varepsilon} + \sigma_F \hat{e} \qquad \sigma_\varepsilon < 0, \sigma_F > 0$$

Da von $\sigma_F < 1$ ausgegangen werden kann, steigt im Falle von **statischen Erwartungen** der Wechselkurs stärker als die Geldmenge. Man spricht in diesem Fall von **"overshooting"**. Erwarten die Akteure aufgrund der erfolgten Abwertung ein Aufwertung, tritt ein "undershooting" ein.

4.4 Zusammenfassung

Partialanalytische finanzwirtschaftliche Wechselkursmodelle sehen in Kapitalbewegungen den ausschließlichen Bestimmungsfaktor für den Wechselkurs.

Das **Zinsarbitragemodell** bestimmt Kapitalbewegungen durch Unterschiede in der Renditedifferenz zwischen in- und ausländischen vollständig substitutiven Wertpapieren. Dem Wechselkurs kommt die Aufgabe zu, für ein Zinsarbitragegleichgewicht zu sorgen. Das Niveau der in- und ausländischen Zinssätze wird als exogen betrachtet. Die ausländische Rendite wird zusätzlich zum Zins durch die erwartete Abwertung bestimmt. Ein Beispiel, wie durch eine bestimmte Wechselkurserwartung eine instabile Entwicklung herbeigeführt werden kann, liefert der Bubble-Ansatz.

Portfolio-Balance-Ansätze betten Kapitalbewegungen in Entscheidungen über die Struktur des Gesamtvermögens ein. Die optimale Bestandsstruktur und nicht Kapitalbewegungen werden durch Renditedifferenzen bestimmt. Ferner stellen Zinssätze eine endogene Größe dar. Zusammen mit dem Wechselkurs sorgen sie dafür, daß aktuelle und gewünschte Struktur des Vermögensbestandes sich entsprechen.

Ob die Substitutionsbeziehung zwischen in- und ausländischen Aktiva vollständig oder unvollständig ist, kann letztendlich nur empirisch beantwortet werden. Eindeutige Ergebnisse sind hier allerdings nicht erzielt worden. Looper, Shafer (1983) weisen darauf hin, daß insbesondere nach OPEC I eher auf eine unvollständige Substitutivität ausländischer Anlagen geschlossen werden kann. Auf diesem Hintergrund wäre dann den Portfoliomodellen Vorrang einzuräumen. Allerdings ist auch hier auf die Vernachlässigung des realen Sektors hinzuweisen. Dies leitet über zu den gesamtwirtschaftlichen Modellen der Wechselkursbestimmung.

5 Gesamtwirtschaftliche Ansätze der Wechselkursbestimmung [1)]

5.1 Allgmeine Charakterisierung

Grundlage der Wechselkursbestimmung sind **makroökonomische Modelle**, wobei dem **Zusammenhang von monetärem und realem Sektor** besondere Bedeutung zukommt. In der jeweiligen Ausgestaltung von monetärem und realem Bereich wird dabei auf partialanalytische Ansätze zurückgegriffen.

Nimmt man die **strukturelle Verknüpfung des monetären und realen Sektors** als Klassifikationsmerkmal für die existierenden Modelle, so lassen sich folgende Gruppen unterscheiden:

1. **IS-LM-Modelle**. Hierunter fällt einmal der **Mundell-Fleming-Ansatz**. Bei flexiblen Wechselkursen wird dabei zwischen vollständiger und unvollständiger Kapitalmobilität unterschieden. Ferner fällt in diese Gruppe der sogenannte **erweiterte Mundell-Fleming-Ansatz**.

2. **Gesamtwirtschaftliche Portfolio-Balance-Ansätze**.

3. **Monetäre Wechselkursansätze**, mit dem monetären Ansatz in der Originalfassung und dem **"equilibrium rational expectations approach"** als Weiterentwicklung.

Die Bedeutung des Zusammenhangs zwischen monetärem und realem Sektor für den Wechselkurs zeigt sich allerdings nicht nur in der Verknüpfung der realen und monetären Märkte. Eine wichtige Rolle spielt in vielen Modellen auch die **Reaktionsgeschwindigkeit** der Variablen auf exogene Schocks. In diesem Zusammenhang wird z. B. im **erweiterten Mundell-Fleming-Ansatz** und in **Portfolio-**

1) Vgl. I. Größl-Gschwendtner 1991.

Balance-Ansätzen eine schnellere Reaktion des monetären im Vergleich zum realen Sektor auf exogene Schocks als Ursache dafür gesehen, daß kurzfristig andere Bestimmungsfaktoren für den Wechselkurs maßgeblich sind als langfristig. Insbesondere werden damit kurzfristige **Abweichungen von der Kaufkraftparität** begründet.

Wir beginnen mit IS-LM-Modellen.

5.2 IS-LM-Modelle der Wechselkursbestimmung

5.2.1 Gemeinsame Merkmale

In Teil I wurde bereits darauf hingewiesen, daß IS-LM-Modellen die folgenden Merkmale zueigen sind:

1. Die Wirtschaftssubjekte unterliegen bei ihren ökonomischen Entscheidungen sowohl einer Vermögens- als auch einer Einkommensrestriktion.
2. Kapitalbewegungen üben in diesen Modellen keinen Einfluß auf die Angebots-Nachfrage-Situation im monetären Sektor aus.

Diese Annahmen führen dazu, daß ein Ungleichgewicht in der Zahlungsbilanz, das ja gleichbedeutend mit einem Devisenmarktungleichgewicht ist, nicht durch ein Ungleichgewicht auf anderen Märkten abgebildet werden kann. Der Devisenmarkt ist gewissermaßen ein Anhängsel.

Ferner setzen in IS-LM-Modellen Kapitalbewegungen keine Stock-Flow-Dynamik in Gang.

Ein weiteres gemeinsames Merkmal der IS-LM-Modelle ist die Annahme einer **unvollständigen** Substitutionsbeziehung zwischen Gütern. Unterschiede hingegen bestehen, wenn es um die Substitutionsbeziehung zwischen international gehandelten Finanzaktiva und um die unterstellte Markträumungsfähigkeit der Preise geht.

Bei der Darstellung dieser Ansätze wollen wir wieder ein kleines Land unterstellen.

5.2.2 Das Mundell-Fleming-Modell bei unvollständiger Kapitalmobilität [1)]

5.2.2.1 Das Grundmodell

Letztendlich stellt dieses Modell eine Übertragung des in II 3.1. behandelten Ansatzes auf ein System flexibler Wechselkurse dar. Er wird in der Literatur auch oftmals als **Stromansatz oder synonym als struktureller Ansatz der Wechselkursbestimmung** bezeichnet.

Ausgangspunkt ist ein keynesianisches IS-LM-Modell einer geschlossenen Volkswirtschaft mit **konstanten Preisen**. Das Sozialprodukt wird durch die reale gesamtwirtschaftliche Nachfrage bestimmt, die sich aus dem Konsum, den Investitionen und den realen Staatsausgaben zusammensetzt. Grundlage für den monetären Sektor ist die Liquiditätspräferenztheorie. Danach entscheiden die Anleger in jedem Augenblick über die optimale Struktur ihres Vermögens, dessen Gesamtniveau für sie im Entscheidungszeitpunkt ein Datum ist. Zur Auswahl stehen Kasse und ein festverzinsliches Wertpapier. Da das Vermögen gegeben ist, unterliegen die Wirtschaftssubjekte einer **Vermögensrestriktion**. Grundlage für die Strukturentscheidung sind das Transaktions- und Spekulationsmotiv. Ergebnis der Entscheidung ist eine mit dem Zinssatz negativ und dem Sozialprodukt positiv korrelierte Geldnachfrage. Die Wertpapiernachfrage folgt aus der Vermögensrestriktion. Die Vermögensrestriktion hat zur Konsequenz, daß **Wertpapier- und Geldmarkt sich spiegelbildlich** verhalten. Ein Gleichgewicht im monetären Sektor ist somit durchaus mit einem Ungleichgewicht im realwirtschaftlichen Bereich vereinbar. In den Lehrbuchdarstellungen wird allerdings die Vermögensrestriktion nur selten explizit berücksichtigt.

Bei Öffnung der Grenzen werden sowohl **Handelsströme** als auch **Kapitalbewegungen** berücksichtigt. Zinszahlungen bleiben in der Regel außen vor. Ein Saldo in der **Handelsbilanz** wird durch den realen Wechselkurs, ferner durch das in- und das ausländische Sozialprodukt bestimmt. Da Zinszahlungen unberücksichtigt bleiben, entsprechen Handels- und Leistungsbilanz einander. Für den realen Sektor folgt somit:

$$(1)\quad Y = C\Big(\underset{+}{Y - T}\Big) + A^{St} + I(i) + TC\Big(\underset{+}{\tau}, \underset{-}{Y}, \underset{+}{Y'}\Big)$$

1) Vgl. R.A. Mundell (1968), J.M. Fleming (1962).

Y bedeutet dabei das reale Sozialprodukt, T das reale Steueraufkommen, A^{St} die realen Staatsausgaben, I die Investitionen, i den Nominalzins, TC die Handelsbilanz, τ den realen Wechselkurs. Vereinfachend setzen wir die nationalen Preisniveaus gleich eins; dann sind nominaler und realer Wechselkurs identisch. Aufgrund der Einkommensrestriktion der Haushalte und der staatlichen Budgetrestriktion folgt für die gesamtwirtschaftliche Einkommensrestriktion:

(2) $S - BD - I \;=\; TC \;=\; CC$

S ist dabei gleich der realen Haushaltsersparnis, BD bezeichnet das staatliche Budgetdefizit, CC den Saldo der Leistungsbilanz. Im Gütermarktgleichgewicht entspricht somit ein Überschuß in der Leistungsbilanz einem Überschuß der Haushaltsersparnis über die Investitionen und ein staatliches Budgetdefizit. Gleichgewicht auf dem Gütermarkt führt zu einer Übereinstimmung der nachgefragten (S) mit der angebotenen ($I + BD + CC$) Vermögensakkumulation. Charakteristisch für IS-LM-Modelle ist, daß im Hinblick auf die angebotene und nachgefragte Vermögensakkumulation weder im Augenblick ihrer Entstehung noch später eine Verbindung zum monetären Sektor - zu den Vermögensbestandsmärkten - geknüpft wird. Einkommens- und Vermögensrestriktionen existieren völlig unabhängig voneinander.

Kapitalbewegungen werden ausschließlich durch die **Zinsarbitrage** bestimmt, wobei im einfachsten Fall Wechselkursänderungserwartungen unberücksichtigt bleiben [1].

(3) $FC \;=\; FC\big(\underset{+}{i' - i}\big)$

Diese Bestimmungsgleichung für Kapitalbewegungen ist gewissermaßen auf das Modell "aufgepfropft". Kapitalbewegungen werden nämlich in keine Beziehung zu den Angeboten und Nachfragen auf den Vermögensbestandsmärkten gestellt. Nach wie vor steht die Geldmarktgleichgewichtsbedingung stellvertretend für alle Bestandsmärkte im Vermögenssektor.

(4) $M \;=\; L\big(\underset{-}{i}, \underset{+}{Y}\big)$

M = reale Geldmenge

1) Vgl. dagegen J. Roth (1975).

Die Unabhängigkeit der Vermögens- und Einkommensrestriktion im Verbund mit der Nichteinbeziehung von Kapitalbewegungen in den Vermögenssektor hat zur Konsequenz, daß ein Ungleichgewicht auf dem Devisenmarkt nicht durch ein Ungleichgewicht auf anderen Märkten beschrieben werden kann.

Ein Überangebot (Übernachfrage) an Devisen entsteht dann, wenn ein Überschuß (Defizit) in der Leistungs- = Handelsbilanz keinen Nettokapitalexport (-import) in derselben Höhe induziert.

Für die Devisenmarktgleichgewichtsbedingung folgt somit:

$$(5)\quad TC\Big(\underset{+}{\tau},\underset{-}{Y},\underset{+}{Y'}\Big) = FC\Big(\underset{-}{i'-i}\Big) \qquad \tau = e$$

Der gleichgewichtige Wechselkurs hängt sowohl von der Zinsdifferenz zwischen In- und Ausland als auch vom Verhältnis zwischen in- und ausländischen Einkommen ab. Die Marshall-Lerner-Bedingung ist dabei die Stabilitätsbedingung für den Devisenmarkt:

$$(5a)\quad e = e\Big(\underset{+}{Y},\underset{-}{Y'},\underset{-}{i-i'}\Big)$$

In diesem Modell sind somit sowohl der **Einkommensansatz** der Wechselkursbestimmung als auch das Ergebnis der **Zinsparitätentheorie** integriert. Im Unterschied zu erwähnten partialanalytischen Ansätzen üben beide Bestimmungsfaktoren einen simultanen Einfluß auf den Wechselkurs aus.

Ein weiterer Unterschied zu partialanalytischen Ansätzen ist darin zu sehen, daß nun Zins und Sozialprodukt keine exogenen Größen sind, sondern ihrerseits modellendogen bestimmt werden. Dies gilt im Modell eines kleinen Landes zumindest für das inländische Niveau dieser Größen. Deutlich wird, daß Einkommen und Zins selbst vom Wechselkurs beeinflußt werden.

5.2.2.2 Parameteränderungen

Im folgenden wollen wir untersuchen, welche Konsequenzen Änderungen der Geldmenge, der Staatsausgaben, des ausländischen Zinssatzes und des ausländischen Sozialprodukts auf den Wechselkurs und das inländische Sozialprodukt haben. Hierbei formulieren wir die Gleichgewichtsbedingung für den Geldmarkt um zu einer Zinsbestimmungsgleichung und setzen diese in die Gleichgewichtsbedingungen für Güter- und Devisenmarkt ein:

(1) $Y = C(Y-T)+A^{St}+I\left[i\left(\underset{-}{M},\underset{+}{Y}\right)\right]+TC\left(\underset{-}{Y},\underset{+}{Y'},\underset{+}{e}\right)$

Die Gleichgewichtsbedingung für den **Gütermarkt** liefert dann in einem (e,Y) -Koordinatensystem den geometrischen Ort derjenigen Y,e -Kombinationen, für die Angebot und Nachfrage auf dem Gütermarkt übereinstimmen (YY-Kurve). Die YY-Kurve hat **positive** Steigung.

(2) $TC\left(\underset{-}{Y},\underset{+}{Y'},\underset{+}{e}\right)-FC\left[\underset{+}{i'-i(M,Y)}\right] = 0$

Die Gleichgewichtsbedingung für den **Devisenmarkt** liefert in einem (e,Y) -Koordinatensystem den geometrischen Ort derjenigen Y,e -Kombinationen, für die Angebot und Nachfrage nach Devisen übereinstimmen (ee-Kurve). Diese Kurve kann sowohl eine positive als auch eine negative Steigung haben, jenachdem wie stark die Kapitalexporte auf Änderungen der Zinsdifferenz reagieren. Steigt nämlich das Sozialprodukt, entsteht zwar ceteris paribus ein Handelsbilanzdefizit; andererseits nimmt aber der Inlandszins zu und lockt Kapital ins Inland. Reagieren die Kapitalbewegungen im Vergleich zur Handelsbilanz nur schwach, entsteht eine Übernachfrage nach Devisen und damit eine Abwertung. In diesem Fall hat die ee-Kurve eine positive Steigung. Im Falle einer hohen Kapitalmobilität induziert dagegen ein höheres Sozialprodukt eine Aufwertung, und die ee-Kurve hat eine negative Steigung. Betrachten wir zunächst den Fall einer **niedrigen** Kapitalmobilität.

Abbildung (21)

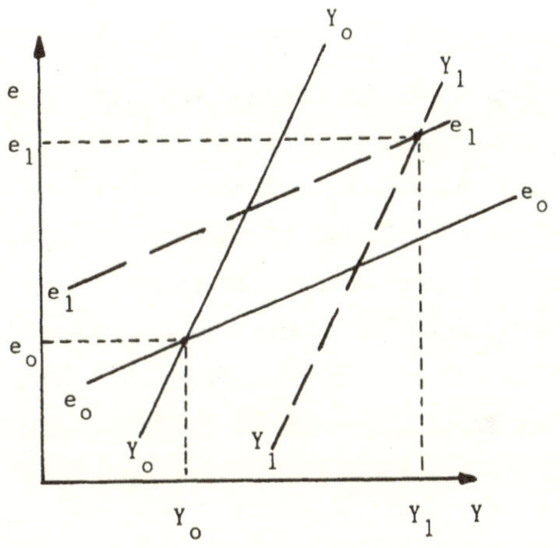

Stabilität erfordert dabei, daß die YY-Kurve steiler verläuft als die ee-Kurve.

Betrachten wir nun die Effekte eines **Geldmengenanstiegs**. Eine höhere Geldmenge führt zu einer Rechtsverschiebung der YY- und zu einer Linksverschiebung der ee-Kurve. Damit verbunden sind eine Abwertung und ein Anstieg des Sozialprodukts. Dahinter stecken die folgenden Anpassungsprozesse: Die Primärreaktion führt zu einem Zinsrückgang. Zwei Faktoren wirken nun auf den Wechselkurs ein: Ausländische Wertpapiere werden lukrativer. Es kommt zu einem Kapitalexport. Ein niedrigerer Zins hat einen Anstieg des Sozialprodukts zur Folge; die Warenimporte nehmen zu. Beide Reaktionen führen zu einer **Abwertung**.

Betrachten wir nun **fiskalpolitische Maßnahmen**. Steigen z. B. die Staatsausgaben, oder wird der Steuersatz zurückgenommen, hat dies eine Rechtsverschiebung der YY-Kurve zur Folge, während die Lage der ee-Kurve unverändert bleibt. Wie im Falle einer expansiven Geldpolitik steigen Sozialprodukt und Wechselkurs. Die Staatsausgabenerhöhung führt zu folgenden Anpassungsprozessen: Der Primäreffekt induziert ein höheres Sozialprodukt. Aufgrund von höheren Importen führt das ceteris paribus eine **Abwertung** herbei. Andererseits ist von einem Zinsanstieg auszugehen, der Kapital ins Land lockt; ceteris paribus induziert das eine **Aufwertung**. Da wir eine geringe Kapitalmobilität unterstellt haben, dominiert letztgenannter Effekt nicht.

Nun wollen wir untersuchen, inwieweit der Wechselkurs in der Lage ist, die Volkswirtschaft vor Störungen aus dem Ausland zu isolieren. Aus dem Modell wird deutlich, daß Änderungen des Handelsbilanzsaldos das zentrale Übertragungsvehikel sind. Bei Vernachlässigung von Zinszahlungen zwischen In- und Ausland ist diese Änderung nur möglich, wenn auch Kapitalbewegungen reagieren; andernfalls ist $\Delta TC = 0$.

Angenommen, im Ausland steigt das Sozialprodukt. Infolgedessen steigt die Exportnachfrage. Entfalten die Ausländer ihre Nachfrage nach inländischen Gütern simultan mit einer Nachfrage nach inländischer Währung (= Devisenangebot), dann entsteht eine Übernachfrage nach Inlandsgütern, dem ein Überangebot auf dem Devisenmarkt entspricht. Nur eine Variable ist notwendig, um ein gesamtwirtschaftliches Gleichgewicht herzustellen. Dieser Fall wird durch das Modell abgebildet. Es läßt sich zeigen, daß es zu einer Aufwertung kommt, die einen Konjunkturzusammenhang unterbindet. Dies wird durch Abbildung (22) verdeutlicht:

Abbildung (22)

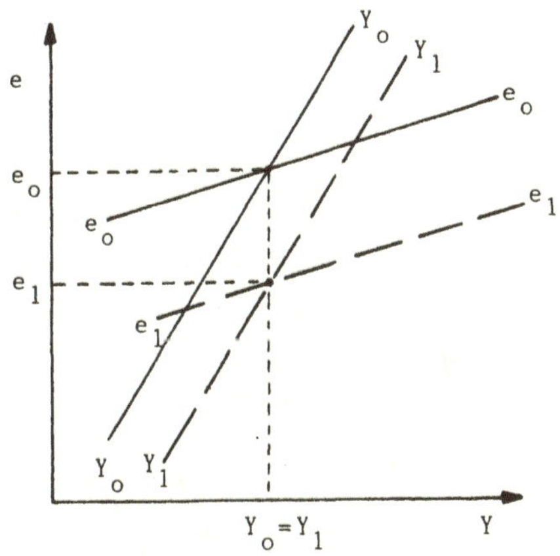

Entscheidend für die Isolationswirkung flexibler Wechselkurse ist die Annahme, die Kapitalanleger würden keine Änderung des Wechselkurses erwarten. Erwarten sie hingegen eine Aufwertung, so entsteht ein Überangebot auf dem Devisenmarkt, das größer ist, als durch den Anstieg von *Y'* bewirkt. Somit fällt auch die Aufwertung größer aus als notwendig, um den Handelsbilanzsaldo auf das Ausgangsniveau zurückzuführen; vielmehr sinkt ein anfänglicher Überschuß, bzw. steigt ein Defizit. Der Anstieg des ausländischen Sozialprodukts hätte im Inland kontraktive Effekte. Das Gegenteil ist bei einer erwarteten Abwertung der Fall.

Betrachten wir nun einen Anstieg von *i'* . Dies löst einen Kapitalexport aus und führt eine Übernachfrage nach Devisen herbei. Die ee-Kurve verschiebt sich nach links, die YY-Kurve bleibt unverändert. Die Abwertung induziert einen Überschuß in der Handelsbilanz; im Inland kommt es zu einem neuen Gleichgewicht mit höherem Sozialprodukt und Zins. Der flexible Wechselkurs vermag also im Modell einen internationalen Zinszusammenhang nicht zu unterbinden. Die Übertragung ausländischer Zinsimpulse erfolgt dabei via Änderungen des Sozialprodukts.

Unterstellt man eine **hohe Kapitalmobilität**, dann hat die ee-Kurve negative Steigung. Eine **Geldmengenerhöhung** hat nun eine Rechtsverschiebung beider Kurven zur Folge.

(Abbildung 23)

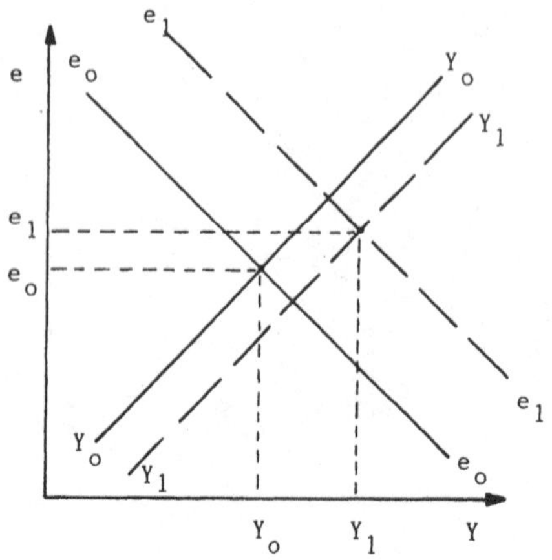

Wieder führt eine Geldmengenerhöhung einen Anstieg des Sozialprodukts herbei. Dagegen ist nun theoretisch eine Aufwertung möglich [1].

Eindeutig sind auch die Effekte einer **Staatsausgabenerhöhung**. Ihr zufolge verschiebt sich die YY-Kurve nach rechts. Die heimische Währung wertet auf. Ebenso eindeutig ist der Effekt eines Anstiegs von i' : Sozialprodukt und Wechselkurs steigen. Unverändert bleiben die Reaktionen im Hinblick auf Änderungen von Y' .

5.2.3 Das Mundell-Fleming-Modell bei vollständiger Kapitalmobilität

Im Unterschied zu vorangehendem Ansatz werden nun in- und ausländische Wertpapiere als **vollständig substitutiv** betrachtet. Wechselkursänderungserwartungen bleiben allerdings unberücksichtigt. Annahmegemäß stimmen in- und ausländischer Zinssatz stets überein. Die betrachtete "small open economy" wird durch die folgenden drei Gleichungen modelliert:

1) Dies setzt allerdings eine vergleichsweise sehr hohe Zinsreagibilität der Kapitalbewegungen voraus.

$$(1)\quad M = L\left(\underset{-}{i}, \underset{+}{Y}\right)$$

$$(2)\quad i = i'$$

$$(3)\quad Y = C\left(\underset{+}{Y - T}\right) + A^{St} + I\left(\underset{-}{i}\right) + TC\left(\underset{+}{e}, \underset{-}{Y}, \underset{+}{Y'}\right)$$

Das Modell enthält die drei Variablen: Zinssatz, Sozialprodukt und Wechselkurs. Stimmen in- und ausländischer Zinssatz stets überein, dann wird offensichtlich das Sozialprodukt allein durch die Geldmenge bestimmt. Dies führte zu dem Schluß, die **Fiskalpolitk** als Beschäftigungspolitik sei bei vollständiger Kapitalmobilität unwirksam. Hingegen wird der **Geldpolitik** allerhöchste Effizienz bescheinigt: Steigt z. B. die Geldmenge um 10 %, so wird auch das Sozialprodukt um diesen Prozentsatz steigen. Gütermarktgleichgewicht erfordert eine Abwertung.

5.2.4 Der erweiterte Mundell-Fleming-Ansatz [1)]

DORNBUSCH benutzt das Mundell-Fleming-Modell bei vollständiger Kapitalmobilität, um zwei in der Realität zu beobachtende Phänomene zu erklären: das "overshooting" und Abweichungen von der Kaufkraftparität. Um Letzteres erklären zu können, unterstellt er anstelle von konstanten **flexible Preise**. Im einfachsten Fall herrscht jederzeit Gütermarktgleichgewicht auf Vollbeschäftigungsniveau. Unter Berücksichtigung der von ihm gewählten log-linearen Schreibweise folgt für das Mundell-Fleming-Modell bei flexiblen Preisen [2)]:

$$(1)\quad m - p = -\sigma i + \mu y \qquad \sigma > 0, \mu > 0$$

$$(2)\quad i = i'$$

$$(3)\quad \overline{y} = k_1(p' + ln e - p) - k_2 i + k_3 a \qquad k_1, k_2, k_3 > 0$$

a bezeichnet dabei den Einfluß der Staatsausgaben und Steuern auf die Güternachfrage. Für die Bestimmungsfaktoren des Wechselkurses folgt somit:

$$(3a)\quad ln e = (p - p') + \frac{k_2}{k_1} i' - \frac{k_3}{k_1} a$$

1) Vgl. R. Dornbusch (1976).

2) Die Kleinbuchstaben bezeichnen den Logarithmus. Eine Ausnahme bildet der Wechselkurs.

Offensichtlich gilt die (relative) Kaufkraftparität. Ferner gilt bei Übereinstimmung von in- und ausländischem Zinsssatz die Quantitätstheorie. Quantitäts- und Kaufkraftparitätentheorie bewirken zusammen, daß Änderungen der Geldmenge proportionale Änderungen des Wechselkurses zur Folge haben.

Obiges Modell beschreibt allerdings lediglich die **langfristigen** Bestimmungsfaktoren des Wechselkurses. **Kurzfristige Abweichungen** davon werden durch zwei Faktoren ausgelöst:

1. Auf exogene Schocks, z. B. auf eine Erhöhung der Geldmenge, reagiert der monetäre Sektor **schneller** als der reale.
2. Kurzfristig beziehen die Anleger **erwartete Wechselkursänderungen** in ihre Anlageentscheidungen ein.

Im Folgenden wollen wir das kurzfristige Modell darstellen. Wir beginnen wieder mit der Gleichungsnummer (1).

Im Hinblick auf die Erwartungshypothese werden zumindest im Originalbeitrag **semi-rationale Erwartungen (long-run perfect foresight)** angenommen. Danach kennen die Wirtschaftssubjekte den langfristigen Gleichgewichtswert für den Wechselkurs (lne^*) . Übersteigt dieser den tatsächlichen Wert, werden sie eine Abwertung erwarten, im umgekehrtem Fall eine Aufwertung.

Für die Erwartungshypothese können wir schreiben:

(1) $ln\dot{e}^e = \Theta(lne^* - lne) \qquad 0 < 0 < 1$

(2) $lne^* = p^* - p' + k_2/k_1 i' - k_3/k_1 a$

(3) $p^* = m + \sigma i' - \mu\bar{y}$

Θ gibt dabei wieder, wie die Anleger den Anpassungsprozeß des aktuellen Wechselkurses an seinen langfristigen Wert einschätzen. Annahmegemäß gilt jederzeit **Zinsarbitragegleichgewicht.**

(4) $i = i' + ln\dot{e}^e$

Für die verbleibenden Modellgleichungen folgt:

(5) $m - p \quad = \quad -\sigma i + \mu y$

(6) $\bar{y} \quad = \quad k_1(p' + e - p) - k_2 i + k_3 a$

Steigt nun ausgehend von einem langfristigen Gleichgewicht die Geldmenge m, wird unterstellt, daß das Preisniveau ganz kurzfristig weder auf induzierte Änderungen des Zinssatzes noch auf Änderungen des Wechselkurses reagiert. Das vollständige Reaktionsmodell wird somit durch die Gleichungen (1) - (5) determiniert. Die Wirtschaftssubjekte wissen, daß langfristig die heimische Währung proportional zum Anstieg der Geldmenge abwerten wird. Sie erwarten somit eine **Abwertung**. Infolgedessen steigt die Rendite ausländischer Wertpapiere über den Inlandszins. Würde der inländische Zinssatz konstant bleiben, könnte Zinsarbitragegleichgewicht nur dann wieder hergestellt werden, wenn der aktuelle Wechselkurs ebenso steigen würde wie der langfristige. Durch die erwartete Abwertung wird nun aber der internationale Zinsverbund gelockert. Infolge der Geldmengenerhöhung kommt es somit zu einer **Zinssenkung** im Inland. Um Zinsarbitragegleichgewicht herzustellen, ist somit eine **stärkere Abwertung** notwendig als langfristig. Es kommt zu einem **Overshooting**. Da das Preisniveau unverändert geblieben ist, ist gleichzeitig die **Kaufkraftparität verletzt**. Die formale Begründung erhalten wir auf folgendem Wege:

Ausgehend von einem langfristigen Gleichgewicht entsprechen eine erwartete Abwertung und eine Änderung der erwarteten Abwertungsrate einander. Wir können somit schreiben:

(7) $dln\dot{e}^e \quad = \quad \Theta(dm - dlne)$

Die Änderung des Zinssatzes erhalten wir, indem wir die Gleichgewichtsbedingung für den Geldmarkt nach m differenzieren:

(8) $di \quad = \quad -\frac{1}{\sigma}dm$

Durch Einsetzen von (7) und (8) in die Zinsarbitragegleichgewichtsbedingung erhalten wir für die Änderung des Wechselkurses:

(9) $dlne \quad = \quad dm + \frac{1}{\sigma}dm \qquad \sigma > 0$

Nach diesen "instantaneous effects" sind allerdings Reaktionen des **Preisniveaus** zu berücksichtigen. Zinsrückgang und Abwertung induzieren über eine größere Nachfrage einen **Preisanstieg**. Damit verbunden ist ein **Rückgang** der **realen Geldmenge**. Der Zinssatz wird **steigen**. Um Zinsarbitragegleichgewicht herzustellen, ist nun eine **Aufwertung** erforderlich. Sukzessive wird dadurch der tatsächliche an den langfristigen Gleichgewichtswert des Wechselkurses angenähert und das "overshooting" rückgängig gemacht.

5.2.5 Zusammenfassende Würdigung der Mundell-Fleming-Modelle

In Mundell-Fleming-Modellen spielen zinsarbitragebedingte Kapitalbewegungen eine zentrale Rolle: Sind in- und ausländische Aktiva unvollständig substitutiv, führen sie dazu, daß auch bei flexiblen Wechselkursen eine ökonomische Abschottung nicht in jedem Fall erreicht wird: Ein internationaler Einkommenszusammenhang wird nur dann unterbrochen, wenn die Anleger keine Änderung des Wechselkurses erwarten. Eine Änderung des Weltzinssatzes wird in jedem Fall übertragen.

Sind in- und ausländische Aktiva vollständig substitutiv, sichern Kapitalbewegungen eine Übereinstimmung von In- und Auslandszins. Wird keine Änderung des Wechselkurs erwartet, bedeutet dies bei fixen Preisen ein allein durch die Geldmenge bestimmtes Sozialprodukt. Bei flexiblen Preisen kann die Kaufkraftparität realisiert werden. Erwartete Wechselkursänderungen spielen demgegenüber eine maßgebliche Rolle für Abweichungen des Wechselkurses von der Kaufkraftparität.

Wie im Rahmen fester Wechselkurse, ist auch hier auf die Fragwürdigkeit zinsarbitragebedingter Kapitalbewegungen hinzuweisen. Durch die Einbeziehung ausländischer Aktiva wird bei **unvollständiger** Substitutionsbeziehung die Vermögensrestriktion um ausländische Anlagen erweitert. Wie der Portfolioansatz zeigt, sind dann die optimalen **Bestände** an Auslandsaktiva vom Zinsabstand abhängig. Zudem hat die erweiterte Vermögensrestriktion zur Folge, daß der Geldmarkt nicht mehr ausreicht, um den gesamten Vermögenssektor zu repräsentieren. Mögliche Divergenzen zwischen angestrebtem und tatsächlichem Bestand an Auslandsaktiva sind zusätzlich zu berücksichtigen.

Unterstellt man eine **vollständige** Kapitalmobilität, bleibt zu fragen, wie eine Übereinstimmung von in- und ausländischer Rendite erreicht wird. Soll der Wechselkurs diese Aufgabe übernehmen, muß gewährleistet sein, daß **ausschließlich** zinsarbitragebedingte Kapitalbewegungen das Devisenmarktgeschehen bestimmen. Welche Rolle spielt dann die Leistungsbilanz? Das Modell bleibt hierzu eine Antwort schuldig. Aber selbst, wenn die Leistungsbilanz keine Rolle spielte, ist darauf hinzuweisen, daß im Zinsarbitrageungleichgewicht auch die nationalen monetären Märkte in eine Ungleichgewichtssituation geraten [1)].

Dem liegt die folgende Überlegung zugrunde: Im Rahmen der Liquiditätspräferenztheorie richten die Anleger ihre Entscheidung zwischen Kasse und Wertpapieren an dem Aktivum aus, das den höheren Zins aufweist. Übersteigt z. B. der ausländische den inländischen Zins, richtet sich die gesamte Inlandsnachfrage nach Wertpapieren auf den Weltmarkt. Im Inland kommt es zu einem Überangebot an Wertpapieren in Höhe des gesamten Wertpapierbestandes.

Da wir ein kleines Land betrachten (Smopec), können wir unterstellen, daß die Inländer ihre Wertpapiernachfrage auf dem Weltmarkt auch decken können und somit eine Übernachfrage nach Devisen entsteht. Das Überangebot an inländischen Wertpapieren führt zu Zinserhöhungen, die Übernachfrage nach Devisen zu einer Abwertung. Bei statischen Erwartungen reagiert die Übernachfrage nach Devisen auf Wechselkursänderungen bei unverändertem Sozialprodukt und Zinssatz. Variationen des tatsächlichen Wechselkurses beeinflussen die Zinsdifferenz nur mittelbar über Änderungen des Sozialproduktes. Dann aber liegt der Schluß nahe, daß sich auch bei flexiblen Wechselkursen der inländische an den ausländischen Zins stets anpaßt - wie wir es in den Strom-Bestandsmodellen bei festen Wechselkursen angenommen haben. Dann aber liegt es nahe, die dort gewählte Modellierung des Vermögenssektors und des Devisenmarktes zu wählen.

Unterstellt man wie im Extended-Mundell-Fleming- Modell Wechselkursänderungserwartungen, so beeinflussen nun zwar Variationen von e - bei geeigneter Modellierung der Erwartungshypothese - die Renditedifferenz. Es bleibt aber zu berücksichtigen, daß ein Zinsarbitrageungleichgewicht auch Ungleichgewichte auf den Wertpapiermärkten umfaßt. Es sind also nicht nur Wechselkurs- sondern auch Zinsreaktionen möglich. Wie im Rahmen der partialanalytischen Ansätze verdeutlicht, ist der Fall denkbar, daß der Wechselkurs auf ein Zinsarbitrageungleichgewicht gar nicht reagiert, die Anpassung vielmehr beim Zinssatz liegt.

---

1) Vgl. hierzu 4.1.

Gegen das erweiterte Mundell-Fleming-Modell kann ferner geltend gemacht werden, daß die Rolle der Leistungsbilanz unklar bleibt. Wenn der Wechselkurs für Zinsarbitragegleichgewicht sorgt, weist dies entweder auf eine ausgeglichene Leistungsbilanz hin oder aber darauf, daß die Leistungsbilanz für den Wechselkurs belanglos ist. Für beide Möglichkeiten bleibt Dornbusch aber eine Erklärung schuldig.

5.3 Gesamtwirtschaftliche Portfolio-Balance-Ansätze [1)]

5.3.1 Allgemeine Charakterisierung

Gesamtwirtschaftliche Portfolio-Balance-Modelle stellen eine Erweiterung des dargestellten partialanalytischen Ansatzes dar, indem nun zusätzlich der **reale Sektor** einer Volkswirtschaft berücksichtigt wird. Dies erfolgt im allgemeinen durch Berücksichtigung einer **Gleichgewichtsbedingung für den Gütermarkt**. Unterschiede können zwischen einzelnen Ansätzen festgestellt werden, je nachdem, welche Aktiva international gehandelt werden. Wir haben bereits den Fall international substitutiver **verzinslicher** Aktiva und die internationale Währungssubstitution diskutiert. Ein weiterer Unterschied besteht, je nachdem, ob fixe oder flexible Güterpreise angenommen werden. Den Portfolio-Balance-Ansatz gibt es somit sowohl als keynesianische Fix-Preis-Variante als auch als neoklassisches Vollbeschäftigungsmodell [2)]. Letzteres hat dabei eine größere Beduetung erlangt. Die Struktur des Portfolio-Balance-Ansatzes soll deshalb im folgenden anhand eines neoklassischen Vollbeschäftigungsmodelles verdeutlicht werden. Wieder gehen wir dabei von einem kleinen Land aus. Wir beginnen mit international substitutiven Währungen [3)].

Gemeinsam ist in allen Portfolio-Balance-Ansätzen die Art und Weise, wie monetärer und realer Sektor miteinander verbunden werden. Wie in den vorab behandelten IS-LM-Modellen wird die simultane Existenz einer Vermögens- und Einkommensrestriktion unterstellt. Erstere bildet den Zusammenhang zwischen den Finanzmärkten vollständig ab. In den vorgestellten Partialansätzen des Portfolio-Balance-Ansatzes war dabei die Übereinstimmung zwischen dem angestrebten und

1) Vgl. W. Bakenecker (1983), E. Baltensperger, P. Böhm (1982), ferner W. Filc (1982), I. Größl-Gschwendtner (1991) als Überblick.

2) Vgl. W. Branson (1976).

3) Vgl. P.J.K. Kouri (1976), I. Größl (1986).

dem tatsächlichen Bestand an Auslandsaktiva gleichbedeutend mit einem **Devisenmarktgleichgewicht**. Diese Annahme wird beibehalten. M.a.W. spiegelt auch jetzt ein **Bestandsungleichgewicht** im monetären Sektor ein **Devisenmarktungleichgewicht** wider. **Hierin besteht der Hauptunterschied zu den IS-LM-Modellen.** Wichtig ist: Auch unter Berücksichtigung des realen Sektors wird im Portfolio-Balance-Ansatz der Wechselkurs **ausschließlich durch die Entscheidungen der Anleger über die optimale Strukturierung eines im Entscheidungszeitpunkt gegebenen Vermögens bestimmt.**

5.3.2 International substitutive Währungen [1]

5.3.2.1 Das Grundmodell

Dargestellt wird im folgenden ein Modell von J.P.E. Kouri in seiner einfachsten Version, d.h. bei ausgeglichenem Staatsbudget. Das Vermögen setzt sich aus in- und ausländischer Währung zusammen. Für seinen Realwert folgt:

$$(1) \quad W = \frac{M^n}{P} + \frac{F^n e}{P}$$

F^n ist dabei der Devisenbestand in ausländischen Geldeinheiten. Im Hinblick auf die Vermögensnachfragen gilt aufgrund der Vermögensrestriktion der folgende Zusammenhang:

$$(2) \quad W = F^d + M^d$$

Divergieren aktueller und angestrebter Bestand an Devisen, ist dies gleichbedeutend mit einem Ungleichgewicht auf dem Devisenmarkt. Im entspricht ein Geldmarktungleichgewicht mit umgekehrtem Vorzeichen. Aufgrund des Gesetzes von Walras wird der monetäre Sektor durch einen Markt, entweder den Geld oder den Devisenmarkt vollständig abgebildet. Wir entscheiden uns für den **Devisenmarkt**. Für die Bestimmungsfaktoren der **Devisenbestandsnachfrage** folgt [2]:

$$(3) \quad F^d = F\left(\underset{+}{\varepsilon}, \underset{-}{Y}, \underset{+}{W}\right)$$

1) Vgl. J.P.E. Kouri (1976).

2) Zur Begründung der Funktionen vgl. III. 4.3.4.

Stets herrsche Gleichgewicht im monetären Bereich, **herbeigeführt durch den Wechselkurs**:

(4) $\frac{F^{*}e}{P} = F\left(\underset{+}{\varepsilon}, \underset{-}{Y}, \underset{+}{W}\right)$

Für die erwartete Wechselkursänderung unterstellen wir zunächst **statische Erwartungen**. Anschließend gehen wir kurz auf **"myopic perfect foresight"** ein. Andere Erwartungshypothesen bleiben außer Betracht, da sie für die Funktionsweise des gesamtwirtschaftlichen Portfolio-Balance-Ansatzes weniger relevant sind als für die partielle Variante.

(5) $\varepsilon = \bar{\varepsilon}$

Die Gleichungen zur Beschreibung des monetären Sektors werden nun durch den realen Sektor ergänzt. Hierbei unterstellt Kouri, in- und ausländische Güter seien **vollständig substitutiv**. Es gilt stets das Gesetz der Unterschiedslosigkeit der Preise. Diese Annahme ist nicht von fundamentaler Bedeutung für den Portfolio-Balance-Ansatz, sie erleichtert aber die Argumentation.

(6) $P = P'e$

Wie im Absorptionsansatz verdeutlicht, wird in diesem Fall der Saldo der Leistungsbilanz durch die Differenz zwischen heimischer Produktion und heimischer Absorption bestimmt. Es herrscht stets Vollbeschäftigung.

(7) $TC = Y - C - A^{St}$

(8) $Y = \bar{Y}$

Wichtig ist dabei die Annahme einer positiven Korrelation zwischen Vermögen und Konsum:

(9) $C = C\left(\underset{+}{Y - T}, \underset{+}{W}\right)$

T ist das annahmegemäß konstante Steueraufkommen. Die Gleichungen (1) - (9) beschreiben das Modellverhalten in der **kurzfristigen Betrachtungsperiode**. Von maßgeblicher Bedeutung dabei ist, daß der Wechselkurs für ein Vermögensstrukturgleichgewicht sorgt. Der gleichgewichtige Wechselkurs wird ausschließlich durch das Verhältnis zwischen aktuellem und tatsächlichem Bestand an Auslandsaktiva bestimmt. Kurzfristig ist dabei das Vermögen eine exogene Größe. Keinen Einfluß auf den Wechselkurs hat kurzfristig ein Saldo in der Handelsbilanz, dem hier ein Saldo in der Leistungsbilanz entspricht.

Mittelfristig allerdings geht sehr wohl ein Einfluß von der Leistungsbilanz auf den Wechselkurs aus. Grundlage hierfür ist die Hypothese, daß ein Ungleichgewicht in der Leistungsbilanz eine Änderung des Bestandes an Auslandsaktiva im Zeitablauf induziert, die zu einer Verschiebung der Vermögensrestriktion führt. Bei annahmegemäß konstanter inländischer Geldmenge hat dies ein Vermögensstrukturungleichgewicht zur Folge. Änderungen des Wechselkurses treten ein.

$$(10) \quad \frac{\dot{F}^{*}}{P'} = TC = CC$$

Solange ein Ungleichgewicht in der Leistungsbilanz besteht, solange ändert sich also der Wechselkurs im Zeitablauf. Wenn in der übrigen Welt keine Inflation herrscht, ist stationäres Gleichgewicht nur mit einer ausgeglichenen Leistungsbilanz vereinbar.

Im folgenden wollen wir die kurz- mittel- und langfristigen Reaktionen des Systems auf **Geldmengenänderungen** und auf eine Änderung des **Weltpreisniveaus** hin analysieren. Um eine Geldmengenänderung zu bewirken, tritt die Zentralbank als Akteur auf dem Devisenmarkt auf. Geldpolitik ist also gleichbedeutend mit Devisenmarktinterventionen.

5.3.2.2 Effekte von Devisenmarktinterventionen

Wir nehmen an, die Zentralbank wolle die Geldmenge erhöhen und frage zu diesem Zweck Devisen nach. Betrachten wir zunächst die **kurzfristige** Systemreaktion.

5.3.2.2.1 Kurzfristige Systemreaktion

Fragt die Zentralbank Devisen nach, so ist das gleichbedeutend mit einem Rückgang von F^{*}/P' . Das Vermögen der Privaten bleibt konstant. Auf dem Devisenmarkt entsteht eine **Übernachfrage**. Die heimische Währung wertet ab. Das Ausmaß der Abwertung erhalten wir, indem wir die Gleichgewichtsbedingung für den Devisenmarkt differenzieren. Wir ermitteln die relativen Änderungsraten:

$$(1)\quad \frac{dF^n}{P'} = -\frac{dM^n}{P'e} = -F_w M\hat{e}$$

$$(1a)\quad \hat{e} = \frac{1}{F_w}\hat{M}^n$$

Offensichtlich wertet die heimische Währung stärker ab, als der Anstieg der Geldmenge betrug. Dies wird in der Literatur wie bereits angedeutet, als **"overshooting"** beschrieben. Im Gegensatz zum Dornbusch-Modell zeichnet dafür nun aber eine **verzögerte Vermögensanpassung** verantwortlich.

Als Folge der Abwertung ist das Vermögen der Inländer gesunken. Daraufhin werden diese ihre Konsumnachfrage senken, und es entsteht ein **Überschuß in der Leistungsbilanz**. Es ist nochmals darauf hinzuweisen, daß kurzfristig ein Saldo in der Leistungsbilanz keinen Einfluß auf den Wechselkurs hat. Vielmehr determiniert umgekehrt der Wechselkurs den Saldo der Leistungsbilanz.

5.3.2.2.2 Mittelfristige Systemreaktion

Die mittelfristige Systemreaktion wird durch den entstandenen Leistungsbilanzüberschuß bestimmt. Er führt nämlich zu einem Anstieg des Bestandes an Devisen im Zeitablauf. Damit verbunden ist ein Überangebot an Devisen, das eine **Aufwertung** auslöst. Die Folge ist ein höheres Realvermögen, das den Konsum erhöht und somit den Überschuß in der Leistungsbilanz zurückführt. Der Prozeß der Aufwertung und der Akkumulation von Devisen führt das System schließllich in ein neues stationäres Gleichgewicht. Formal können wir dieses Ergebnis ableiten, indem wir die Gleichgewichtsbedingung für den Devisenmarkt nach F^n differenzieren. Wir erhalten daraus:

$$(1)\quad e = e\left(\underset{-}{F^n}\right)$$

Eingesetzt in die Bestimmungsgleichung für die Devisenakkumulation, erhalten wir:

$$(2)\quad \frac{\dot{F}^n}{P'} = Y - A^{St} - C\left[Y - T, \frac{M^n}{P'e(F^n)} + \frac{F^n}{P'}\right]$$

(2) ist eine Differentialgleichung 1. Ordnung. Stabilität erfordert, daß die erste Ableitung der Devisenakkumulation nach dem Devisenbestand negativ ist [1]. Dies ist erfüllt, wenn, wie unterstellt, Konsum und Vermögen positiv korreliert sind.

5.3.2.2.3 Langfristige Systemreaktion

Das stationäre Gleichgewicht ist durch ein im Zeitablauf konstantes Realvermögen bestimmt. Entsprechend ist die Leistungsbilanz ausgeglichen [2]. Für das Modell folgt:

$$(1) \quad \frac{F^n}{P'} - \frac{F^{nz}}{P'} = F(Y, W, \bar{\varepsilon})$$

$$(2) \quad W = \frac{M^n}{P'e} + \frac{F^n}{P'} - \frac{F^{nz}}{P'}$$

$$(3) \quad Y = \overline{Y} = C(Y - T, W) + A^{St}$$

Um die Effekte einer Devisenmarktintervention aufzeigen zu können, erweitern wir die linke Seite von (1) um $-F^{nz}$. F^{nz} ist die Zentralbanknachfrage nach Devisen. Hierbei gilt:

$$(4) \quad e dF^{nz} = dM^n$$

Wir ermitteln nun die relativen Änderungsraten von (1) und (3):

$$(5) \quad F(1 - F_W)\hat{F}^n - M\hat{M}^n = -F_W M\hat{e}$$

$$(6) \quad -C_W M\hat{e} + C_W \hat{F} F^n = 0$$

$$(6a) \quad \hat{F} F^n = M\hat{e}$$

Setzt man (6a) in (5) ein, führt dies zu:

$$(5a) \quad \hat{e} = \hat{M}^n$$

Langfristig hat also eine Geldmengenerhöhung eine **proportionale** Abwertung zur Folge.

---

1) Vgl. Anhang: "Hinweise zur Stabilitätsanalyse".

2) Dies ist die Folge eines annahmegemäß konstanten Weltpreisniveaus.

5.3.2.3 Effekte eines Anstiegs des Weltpreisniveaus

5.3.2.3.1 Kurzfristige Systemreaktion

Kurzfristig hat ein höheres Niveau von P' einen Rückgang des Realwertes des Vermögens zur Folge. Damit verbunden ist ein Rückgang der Devisennachfrage. Allerdings geht auch das Angebot zurück, so daß die Reaktion des Devisenmarktes nicht eindeutig ist. Im Extremfall reagiert der Wechselkurs überhaupt nicht. Dann wird kurzfristig der Weltpreisanstieg in voller Höhe importiert.

Ob also kurzfristig ein Weltmarktpreisanstieg importiert wird oder nicht, hängt entscheidend davon ab, ob es zu einem **Vermögensstrukturungleichgewicht** kommt. Nur in diesem Fall reagiert der Wechselkurs. Zu einer Aufwertung kommt es dann, wenn das Devisenangebot weniger stark zurückgeht als die -nachfrage.

Formal erhalten wir die Reaktion des Wechselkurses, wenn wir die Gleichgewichtsbedingung für den Devisenmarkt differenzieren. In relativen Änderungsraten folgt:

$$(1) \quad \hat{e} = \frac{F(1-F_W)-F_W M}{F_W M}\hat{P}'$$

Offensichtlich sind sämtliche Reaktionen des Wechselkurses, auch eine Abwertung möglich. Ebenso ist das absolute Ausmaß der Wechselkursänderung unbestimmt.

5.3.2.3.2 Mittel- und langfristige Systemreaktion

Ermitteln wir nun die **langfristige** Reaktion. Langfristig ist die Leistungsbilanz ausgeglichen, F stellt eine endogene Variable dar. Ein Leistungsbilanzgleichgewicht erfordert:

$$(1) \quad F(\hat{P}^n - \hat{P}') = M(\hat{P}' + \hat{e})$$

Devisenmarktgleichgewicht erfordert:

$$(2) \quad F(\hat{P}^n - \hat{P}')(1-F_W) = -F_W(\hat{P}' + \hat{e})M$$

Setzt man Gleichung (1) in (2) ein, folgt:

$$(2a) \quad \hat{e} = -\hat{P}'$$

Langfristig hat also die **relative Kaufkraftparität** Gültigkeit. Für die **mittelfristige** Systemreaktion ergeben sich daraus folgende Konsequenzen:

Reagiert kurzfristig der Wechselkurs überhaupt nicht, dann wird der Preisanstieg voll importiert. Damit verbunden ist allerdings ein Rückgang des Vermögens, der einen **Überschuß** in der Leistungsbilanz induziert. Infolgedessen kommt es **mittelfristig** zu einer Akkumulation von Devisen und somit zu einem **Aufwertungsprozeß**. Dadurch wird der Inflationsimport sukzessive rückgängig gemacht. Analoges trifft zu, wenn der Wechselkurs kurzfristig zwar aufwertet, aber zu wenig, um einen Inflationsimport zu verhindern. Dann ist allerdings kein so großer Leistungsbilanzüberschuß notwendig, um langfristig die Kaufkraftparität zu realisieren.

Wertet die heimische Währung kurzfristig ab, so steigt im Inland das Preisniveau sogar noch stärker als im Ausland. Entsprechend groß fällt dann aber auch der Vermögensrückgang und somit der Überschuß in der Leistungsbilanz aus. Auch jetzt kommt es mittelfristig zu einer Aufwertung, die allerdings wesentlich stärker ausfällt als in den beiden anderen Fällen.

5.3.2.4 Implikationen von "Myopic Perfect Foresight"

In diesem Fall entsprechen tatsächliche und erwartete Änderungsrate des Wechselkurses einander.

Im Rahmen des partiellen Ansatzes haben wir erwähnt, daß obige Erwartungshypothese destabilisierend wirkt. Wie sieht es nun aus, wenn die Devisenbestände der Privaten durch Leistungsbilanzsalden endogenisiert werden? Hierzu bilden wir die Gleichgewichtsbedingung für den Devisenmarkt in einem (e, F^n) -Koordinatensystem graphisch ab. Bei **statischen** Erwartungen erhalten wir den geometrischen Ort der e, F^n -Kombinationen, für die ein Gleichgewicht auf dem Devisenmarkt herrscht (ee-Kurve). Sie hat negative Steigung. Bei **statischen** Erwartungen repräsentieren Punkte oberhalb der ee-Kurve ein Überangebot an Devisen. Wird nun eine Abwertung erwartet, dann ist ein Gleichgewicht auf dem Devisenmarkt auch oberhalb der ee-Kurve möglich. Da nämlich die Anleger eine **Abwertung** erwarten, ist die Devisennachfrage entsprechend höher. Da sich aber erwartete und tatsächliche Abwertung einander entsprechen, steigt der Wechselkurs, und das System bewegt sich von der ee-Kurve weg. Umgekehrtes gilt für Punkte unterhalb der ee-Kurve.

Abbildung (24)

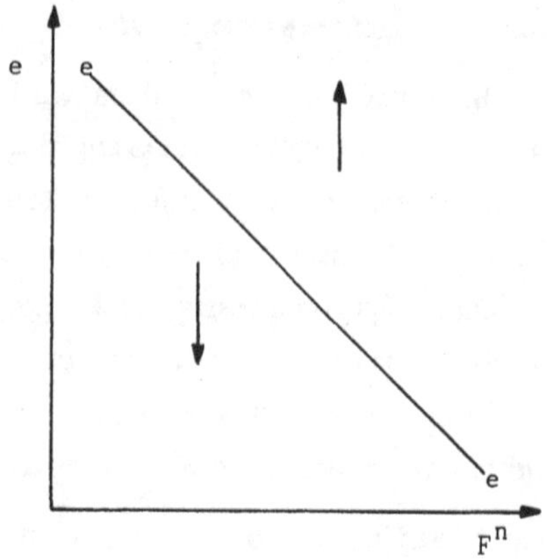

Die FF-Kurve ist der geometrische Ort aller (e,F^n) -Kombinationen, für die die Leistungsbilanz ausgeglichen ist. Sie weist eine **positive** Steigung auf. Punkte oberhalb der Kurve repräsentieren einen Überschuß, Punkte unterhalb der Kurve ein Defizit in der Leistungsbilanz. Für die Frage der Konvergenz spielen Erwartungen keine Rolle. Ausgehend von einem beliebigen Ungleichgewicht, kommen stets Kräfte in Gang, die ein Leistungsbilanzgleichgewicht herbeiführen.

Abbildung (25)

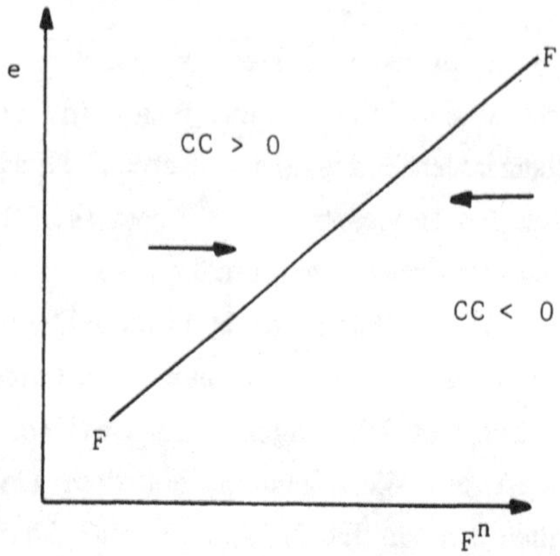

Bringen wir nun beide Kurven zusammen, können wir das Verhalten des Systems im Ungleichgewicht ermitteln und Konsequenzen für die Stabilität ziehen.

Abbildung (26)

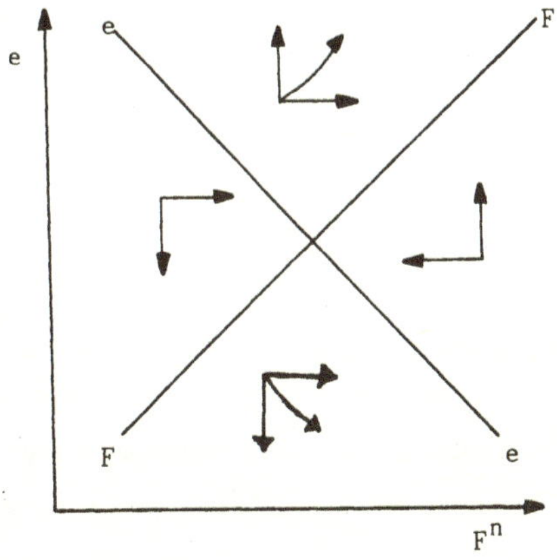

Offensichtlich liegt eine **Sattelpunktlösung** vor [1]. Das System ist also nun nicht mehr, wie im partiellen Portfolioansatz, in jedem Fall instabil. Vielmehr ist eine Konvergenz zum Gleichgewicht möglich, wenn bestimmte Anfangsbedingungen vorlagen. **Bei "myopic perfect foresight" wirkt also ein Leistungsbilanzsaldo stabilisierend.**

5.3.3 Verzinsliche Aktiva [2]

5.3.3.1 Das Grundmodell

Wie in der vorgestellten partialanalytischen Variante werden im folgenden inländische Währung, ein in- und ein ausländisches festverzinsliches Wertpapier unter-

1) Vgl. Anhang: "Hinweise zur Stabilitätsanalyse".

2) Vgl. z.B. W. Branson 1976.

stellt. Die Substitutionsbeziehung zwischen sämtlichen Vermögenstiteln ist **unvollständig**. Annahmegemäß halten Ausländer keine inländische Papiere. Für den **monetären Sektor** folgt dann:

$$(1)\quad W = \frac{M^n}{P}+\frac{B^n}{P}+\frac{B^{n'}e}{P}$$

$$(2)\quad \frac{M^n}{P} = L(i,i'+\varepsilon,Y,W)$$

$$(3)\quad \frac{B^{n'}e}{P} = B^{d'}(i,i'+\varepsilon,Y,W)$$

Um die Struktur des Portfolio-Balance-Ansatzes transparent zu machen, wollen wir vereinfachend **statische Erwartungen** unterstellen; ε ist dann eine exogene Größe. Der **realwirtschaftliche Bereich** wird durch die Gleichgewichtsbedingung für den Gütermarkt abgebildet. Über die gesamtwirtschaftliche Budgetrestriktion ist dies identisch mit:

$$(4)\quad S-I-BD = CC$$

$$(5)\quad CC = TC+\frac{B^{n'}e}{P}i'$$

Im Unterschied zum Partialmodell wird nun ein Saldo in der Leistungsbilanz berücksichtigt. Entscheidend dabei wiederum ist die Annahme, daß Leistungsbilanzsalden **im Zeitpunkt ihrer Entstehung** keinen Einfluß auf den Wechselkurs ausüben. Mittelfristig hat allerdings ein Saldo in der Leistungsbilanz eine Akkumulation oder einen Abbau von Auslandsaktiva zur Folge, wodurch die Vermögensrestriktion verschoben wird.

Im einfachsten Fall, dem wir folgen, bleiben Investitionen und ein staatliches Budgetdefizit außen vor. Die Ersparnis ist dann im Gütermarktgleichgewicht mit einem Überschuß in der Leistungsbilanz identisch. Somit gilt:

$$(6)\quad \frac{e}{P}\dot{B}^{n'} = CC$$

Bei gegebenem Preisniveau und Wechselkurs führt $CC \neq 0$ im monetären Sektor zu einem **Vermögensstrukturungleichgewicht**. Im Falle einer Zunahme des Bestandes an Auslandsaktiva, wollen die Anleger einen Teil davon verkaufen. Die Folge ist ein **Überangebot an Devisen**. Die heimische Währung wertet auf. Dieser Aufwertungsprozeß ist solange von Dauer, wie ein Leistungsbilanzüberschuß existiert. Zusätzlich zum Kouri-Modell sind nun Zinsreaktionen zu berücksichtigen. M.a.W. ist in Leistungsbilanzsalden eine Ursache für Änderungen des Inlandszinssatzes zu sehen. Das maßgebliche Übertragungsvehikel ist die mit Leistungsbilanzsalden verbundene Vermögensänderung.

Der Anpasssungsprozeß wird abermals entscheidend durch die **Bestimmungsfaktoren** des Konsums und des Handelsbilanzsaldos determimiert. Vereinfachend gehen wir wie im Kouri-Modell von einer vollständigen Substitutionsbeziehung zwischen in- und ausländischen Gütern aus. Dann wird ein Saldo in der Handelsbilanz bestimmt durch eine Divergenz zwischen inländischer Produktion und Absorption. Wir unterstellen Vollbeschäftigung. Die inländische Nachfrage umfaßt Konsum und Staatsausgaben. Vereinfachend sehen wir von einer Zinsabhängigkeit des Konsums ab.

$$(7) \quad TC = \overline{Y} - C(Y-T,W) - A^{St}$$

$$(8) \quad P = P'e$$

Für den Saldo der Leistungsbilanz folgt entsprechend:

$$(4a) \quad CC = Y - A^{St} - C(Y-T,W) + B^{n'}\frac{i'}{P'} = \frac{\dot{B}^{n'}}{P'}$$

Angenommen, die Leistungsbilanz weise einen Überschuß auf. Das damit verbundene Vermögensstrukturungleichgewicht führt eine Aufwertung herbei. Diese wiederum erhöht den **Realwert des Vermögens**. Infolgedessen steigt der Konsum. Der Konsumanstieg bewirkt einen Rückgang eines Handelsbilanzüberschusses. Die Zuwachsrate des Bestandes an Auslandsaktiva wird dadurch gebremst. Destabilisierend wirkt allerdings der Anstieg des Zinseinkommens aus dem Ausland - ebenfalls eine Folge der Akkumulation von Auslandsaktiva. Ist jedoch der Vermögenseffekt nicht vernachlässigenswert klein, wird die Entwicklung der Handelsbilanz dominieren.

Im Zuge des Aufwertungsprozesses wird der Überschuß in der Leistungsbilanz allmählich abgebaut. Es kommt zu einem Gleichgewicht mit:

$$(9) \quad Y - C(Y-T,W) - A^{St} = -\frac{B^{n'}}{P'}i'$$

Die linke Seite von Gleichung (9) bildet den Saldo der Handelsbilanz ab. Im langfristigen Gleichgewicht weist er im Zeitablauf keine Änderung mehr auf. Das wiederum bedeutet, daß auch **der Realwert des Vermögens** im Zeitablauf konstant bleibt. Voraussetzung dafür, daß sich Zinssatz und Wechselkurs im Zeitablauf nicht mehr ändern, ist darüber hinaus eine im Zeitablauf konstante Vermögensstruktur.

Somit gilt:

$$(10) \quad \hat{M}^n = \hat{B}^n = \hat{P}' + \hat{e} = \hat{P}$$

$$(11) \quad \hat{B}^{n'} = \hat{P}' = 0$$

Sowohl die **Quantitätstheorie** als auch die **Kaufkraftparitätentheorie** haben in diesem langfristigen Gleichgewicht Gültigkeit.

Kurzfristig sind allerdings Abweichungen von der Kaufkraftparität zu erwarten. Die Ursache liegt darin begründet, daß sich der **Bestand an Auslandsaktiva nur allmählich an sein Gleichgewichtsniveau anpaßt.**

Im folgenden wollen wir die kurz- und langfristigen Reaktionen einer **expansiven Offenmarktpolitik** und eines Anstiegs des Weltpreisniveaus untersuchen.

5.3.3.2 Effekte einer expansiven Offenmarktpolitik

5.3.3.2.1 Kurzfristige Wirkungen

Kurzfristig stellt der Bestand an Auslandsaktiva eine exogene Größe dar. Reaktionen auf eine Geldmengenerhöhung zeigen nur der Inlandszins und der Wechselkurs. Wir unterstellen, die Zentralbank frage mehr inländische Wertpapiere nach. Die kurzfristigen Wirkungen können wir graphisch ermitteln, indem wir die Gleichgewichtsbedingungen für den Geld- und Devisenmarkt in einem (e,i) -Koordinatensystem graphisch abbilden.

Die graphische Abbildung der Geldmarktgleichgewichtsbedingung (MM-Kurve) kann sowohl eine positive als auch eine negative Steigung aufweisen. Im Falle einer Abwertung sinkt nämlich sowohl die Geldnachfrage als auch das -angebot. Der Saldo ist nicht eindeutig.

Die graphische Abbildung der Devisenmarktgleichgewichtsbedingung (ee-Kurve) weist dagegen eindeutig eine negative Steigung auf. Nimmt *i* zu, entsteht ein Überangebot an Devisen. Um dieses Überangebot abzubauen, ist eine Aufwertung nötig.

Abbildung (27a)

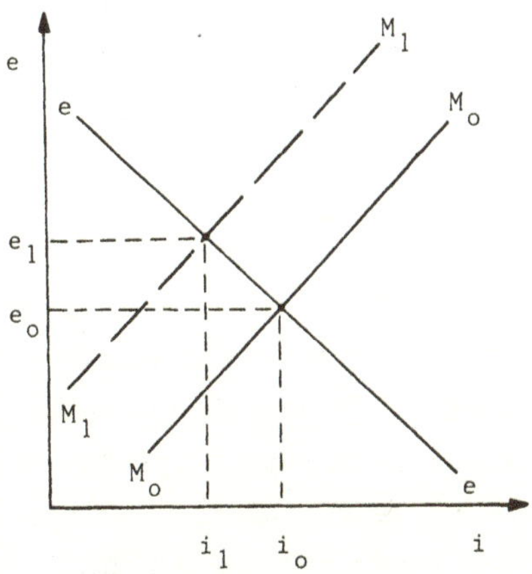

Abbildung (27b)

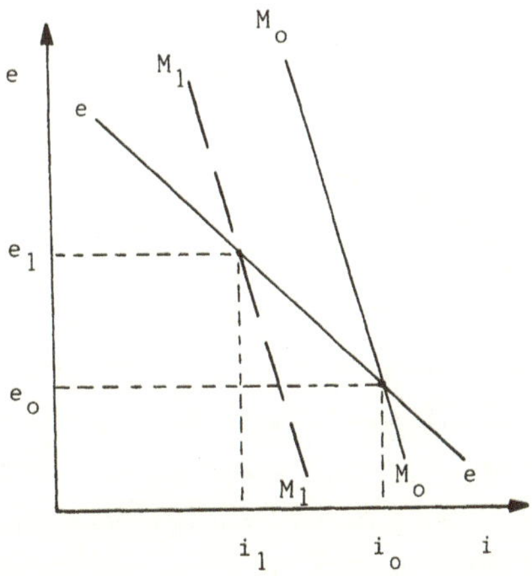

In Abbildung (27a) induziert eine Abwertung eine **Übernachfrage** auf dem Geldmarkt. Entsprechend weist die MM-Kurve eine positive Steigung auf. In Abbildung (27b) induziert hingegen eine Abwertung ein Überangebot an Geld. Entsprechend weist die MM-Kurve eine negative Steigung auf. Stabilität im Vermögenssektor setzt in diesem Fall voraus, daß die MM-Kurve steiler verläuft als die ee-Kurve [1].

Wird die Geldmenge im Rahmen von **Offenmarktkäufen** auf dem inländischen Wertpapiermarkt erhöht, verschiebt sich nur die MM-Kurve, und zwar nach links. Die inländische Währung wertet ab. Induziert ein höherer Wechselkurs ein Überangebot an Geld, fällt die Abwertung größer aus als im Faller einer Übernachfrage. Dahinter steht folgender Anpassungsprozeß: Steigt die Geldmenge, sinkt der Inlandszins. Damit verbunden ist eine Umstrukturierung zugunsten von Auslandsaktiva. Es kommt zu einer Übernachfrage nach Devisen. Die heimische Währung wertet ab. Die Abwertung wiederum tangiert den Geldmarkt von neuem. Induziert

1) Vgl. Anhang: "Hinweise zur Stabilitätsanalyse".

sie ein Überangebot, wird der Zinsrückgang verschärft. Erneut strukturieren die Wirtschaftssubjekte ihr Vermögen zugunsten von Auslandsaktiva um. Induziert eine Abwertung hingegen eine Übernachfrage nach Geld, wird der Zinsrückgang gebremst. Um Gleichgewicht im Vermögenssektor herzustellen, ist eine geringere Abwertung notwendig.

In jedem Falle wertet die heimische Währung ab. Dies wiederum führt einen Vermögensrückgang herbei. Die Konsumnachfrage sinkt, und die Handelsbilanz gerät in eine **Überschußposition**.

5.3.3.2.2 Mittel- und langfristige Wirkungen

Mit dem Überschuß in der Handelsbilanz ist ein Überschuß in der Leistungsbilanz verbunden. Dies führt zu einem Anstieg des Bestandes an Auslandsaktiva im Zeitablauf. Durch diesen Vorgang verschiebt sich die MM-Kurve nach rechts und die ee-Kurve nach links. In jedem Zeitpunkt kommt es zu einem neuen Vermögensstrukturgleichgewicht bei einem niedrigeren Wechselkurs. Die mittelfristigen Effekte sind also auf jeden Fall durch einen Aufwertungsprozeß begleitet. Im Zeitablauf steigende Auslandsaktiva induzieren nämlich ein Vermögensstrukturungleichgewicht zu Lasten ausländischer Wertpapiere. Der Anpasssungsprozeß ist abgeschlossen, wenn die Leistungsbilanz ausgeglichen ist.

Im Gegensatz zum vorangehenden Modell der Währungssubstitution ist nun auch langfristig nicht gewährleistet, daß die Rate der Abwertung der Rate der Geldmengenerhöhung entspricht. Verantwortlich dafür sind Zinsänderungen. Dies ist durchaus mit einem stationären Gleichgewicht vereinbar, wenn es sich um **einmalige** Änderungen, nicht aber um Änderungen im Zeitablauf handelt. Wie im Anhang gezeigt, ist ein "underschooting" langfristig wahrscheinlich [1)].

5.3.3.3 Effekte eines Anstiegs des Weltpreisniveaus

Wir kehren zurück zu den Abbildungen in 5.3.3.2.1. Steigt das Weltpreisniveau, so geht das Vermögen zurück. Damit verbunden ist ein Rückgang sowohl der Geld- als auch der Nachfrage nach Auslandsaktiva. Ebenso sinkt das Angebot an beiden Vermögenstiteln. Damit aber ist nicht sicher, in welche Richtung sich die ee-Kurve

1) Vgl. Anhang: "Ausrechnungen".

und die MM-Kurve verschieben. Mit anderen Worten ist nicht sicher, ob ein Anstieg des Weltpreisniveaus überhaupt ein Vermögensstrukturungleichgewicht zur Folge hat, geschweige denn, wie es aussieht. Wir können also wie im Kouri-Modell über die kurzfristige Reaktion des Wechselkurses keine Auskunft geben. Reagiert der Wechselkurs überhaupt nicht, wird kurzfristig der Weltpreisanstieg in voller Höhe importiert. Ebenso denkbar sind aber eine Ab- und eine Aufwertung. Letztere wird aber nicht ausreichen, um einen internationalen Preiszusammenhang zu unterbinden.

Wie im Kouri-Ansatz setzt auf jeden Fall mittelfristig ein Aufwertungsprozeß ein, der das System zur Kaufkraftparität zurückführt (Anhang). Anders als im Falle von Offenmarktoperationen besteht also eine Übereinstimmung zwischen einmaligen Änderungen und Variationen im Zeitablauf.

5.3.4 Kritische Würdigung [1)]

Im Zentrum des Portfolio-Balance-Ansatzes steht die Hypothese, der Wechselkurs werde ausschließlich durch die Portfolioentscheidungen der Anleger beeinflußt. Die Leistungsbilanz spielt für die Kursbildung nur insofern eine Rolle, als sie über die Änderung des Bestandes an Auslandsaktiva ein **Vermögensstrukturungleichgewicht** induziert. Tatsächlich läßt sich in der Realität beobachten, daß für den Wechselkurs Anlagegesichtspunkte und nicht die Leistungsbilanz die ausschlaggebende Rolle spielen.

Allerdings ist zu bezweifeln, ob es mit dem Portfolio-Balance-Ansatz gelungen ist, diese Dominanz finanzwirtschaftlicher Faktoren ökonomisch und logisch konsistent zu modellieren. Im Zentrum steht dabei die Frage, warum die Leistungsbilanz **im Zeitpunkt ihrer Entstehung** Devisenangebot und -nachfrage nicht beeinflußt. Warum muß erst der tatsächliche Bestand an Auslandsaktiva im Portefeuille der Anleger steigen, um danach ein Vermögensstrukturungleichgewicht auszulösen?

Betrachten wir als Beipiel einen Überschuß in der Leistungsbilanz. Ihm entspricht sowohl eine positive Ersparnis als auch eine Forderung gegenüber dem Ausland. Nun ist die Ersparnis **sachlogisch** mit einer Zunahme der Nachfrage nach einzelnen Vermögenstiteln verbunden. Sparen bedeutet, Teile des Geldeinkommens nicht zum Erwerb von Konsumgütern zu verwenden. Lassen die Haushalte die gesparten Geldbeträge in der "Schublade liegen", horten sie also, ist das gleichbedeutend mit

1) Vgl. I. Größl 1986, 136 ff.

einer Zunahme der Geldnachfrage. Kaufen sie damit Wertpapiere, steigt die Nachfrage nach diesen Aktiva. Stets ist also die Ersparnis mit einer **Zunahme der Nachfrage nach Vermögenstiteln** verbunden. Zentral für den Portfolioansatz ist nun die Annahme, daß die Wirtschaftssubjekte ihre Ersparnis **in voller Höhe in Auslandsaktiva anlegen wollen**. Aufgrund von dieser Annahme entspricht ein Überschuß in der Leistungsbilanz in voller Höhe einem Kapitalexport. Aus diesem Grunde beeinflußt die Leistungsbilanz den Wechselkurs im Zeitpunkt ihrer Entscheidung nicht.

Wohlbemerkt gilt dies nur für den Entstehungszeitpunkt. Bereits im darauffolgenden Zeitpunkt registrieren Wirtschaftssubjekte infolge des höheren Bestandes an Auslandsaktiva ein **Vermögensstrukturungleichgewicht** und reagieren mit Verkaufsangeboten. Im Hinblick auf die Anlage des in der Vergangenheit akkumulierten Vermögens verhalten sich die Anleger also sehr risiko- und ertragssensitiv. Gleiches trifft aber nicht auf die Ersparnis, und damit auf die angestrebte Vermögensakkumulation zu. Dies mit dem kleinen Volumen der Ersparnis pro Zeiteinheit zu begründen, greift m.E. nicht, denn bereits im **nächsten Zeitpunkt** führt die mit derselben Ersparnis verbundene Erhöhung des Bestandes an Auslandsaktiva ein Vermögensstrukturungleichgewicht herbei.

Unter Berücksichtigung dieser Einwendungen ist es dem Portfolio-Balance-Ansatz allenfalls **formal** gelungen, die Dominanz finanz- gegenüber realwirtschaftlichen Faktoren der Wechselkursbestimmung zu erklären.

5.4 Der monetäre Wechselkursansatz [1]

5.4.1 Das Grundmodell

Der monetäre Wechselkursansatz stellt eine Übertragung des monetären Zahlungsbilanzansatzes auf ein System flexibler Wechselkurse dar. Es liegt deshalb nahe, die Bausteine des **monetären Zahlungsbilanzansatzes** zu wiederholen [2]:

In der Ausgestaltung des **realen Bereiches** ist dieser Ansatz aufs engste mit der **neoklassischen Außenhandelstheorie** verbunden. Wie dort wird davon ausgegangen, daß In- und Ausland vollständig substitutive Güter produzieren. Die Volks-

1) Vgl. J.A. Frenkel (1976), F.O. Bilson (1979).

2) Vgl. II. 3.3.

wirtschaften befinden sich in einem Walrasianischen Gleichgewicht. Es gilt das Gesetz der Unterschiedslosigkeit der Preise. Durch die Anlehnung an die neoklassische Außenhandelstheorie wird in der Ausgestaltung des realen Sektors eine Parallele zum Güterarbitragemodell deutlich. Zusätzlich wird nun jedoch ein **monetärer Sektor** berücksichtigt. Annahmegemäß werden als Vermögensanlagealternativen inländische Währung und ein festverzinsliches Wertpapier berücksichtigt, das **international vollständig** substitutiv ist. Eine Parallele zum Zinsparitätenmodell wird deutlich. Wie dort herrscht stets Zinsarbitragegleichgewicht, wobei nun aber keine Wechselkursänderungserwartungen berücksichtigt werden.

Von maßgeblicher Bedeutung für die Bestimmungfaktoren eines **Zahlungsbilanzungleichgewichts ist** erstens die Annahme, daß die Haushalte simultan über Vermögenshöhe und Struktur entscheiden. Dann stellt die gesamtwirtschaftliche Budgetrestriktion eine Beziehung zwischen den Überschußangeboten/nachfragen auf sämtlichen Märkten der Volkswirtschaft her. Explizit berücksichtigt werden dabei der Gütermarkt, der Wertpapiermarkt, der Geld- und der Devisenmarkt. Die angenommene vollständige Substitutionsbeziehung zwischen Gütern und Wertpapieren führt dazu, daß letztendlich die gesamtwirtschaftliche Budgetrestriktion auf eine Beziehung zwischen Geld- und Devisenmarkt (Zahlungsbilanz) reduziert wird, die sich spiegelbildlich verhalten. Hierbei wird unterstellt, daß die Geldnachfragefunktion eine "aktive" und stabile Größe darstellt, an die sich der Konsum in den Plänen der Haushalte bei gegebenem Einkommen anpaßt. Unter dieser Annahme wird ein Zahlungsbilanzungleichgewicht und damit ein Devisenmarktungleichgewicht durch ein Geldmarktungleichgewicht **verursacht**.

Wie in II 3.3 dargestellt, wird ein Geldmarktungleichgewicht bestimmt durch eine Divergenz zwischen angestrebter und tatsächlicher Kassenhaltung. Diese Diskrepanz ist wiederum auch verantwortlich für ein Zahlungsbilanzungleichgewicht und damit für eine Diskrepanz zwischen Devisenangebot und -nachfrage. Bei **flexiblen Wechselkursen** gerät daraufhin der Devisenkurs in Bewegung. Übersteigt z. B. die angestrebte die tatsächliche Kassenhaltung, umfaßt dies ein Überangebot an Devisen, der Wechselkurs wird sinken. Damit verbunden ist ein Rückgang des Weltmarktpreises für Güter in inländischen Geldeinheiten und somit ein Anstieg des realen tatsächlichen Kassenbestandes. Auf diese Weise wird ein Überangebot an Devisen abgebaut. Wird eine unendlich schnelle Anpassungsgeschwindigkeit des Wechselkurses unterstellt, gilt somit stets:

$$(1) \quad \frac{M^a}{P'e} = M^*(i,Y)$$

In Verbindung mit der Zinsparität und dem "law of one price" ist das Modell des monetären Ansatzes einer kleinen offenen Volkswirtschaft vollständig bestimmt:

(2) $i = i'$

(3) $P = P'e$

i = Inlandszins, i' = Auslandszins

P' = ausländisches Preisniveau

e = Wechselkurs

Die Gleichungen (1), (2) und (3) beschreiben den **monetären Wechselkursansatz einer kleinen offenen Volkswirtschaft in seiner Originalfassung**. Der Wechselkurs sorgt in diesem Ansatz für ein **Geldmarktgleichgewicht**. Wichtig zu erwähnen in diesem Zusammenhang ist, daß aufgrund einer vollständigen Substitutionsbeziehung zwischen in- und ausländischen Gütern, ferner zwischen in- und ausländischen Wertpapieren die Geldmarktgleichgewichtsbedingung stellvertretend für alle anderen Märkte der abgebildeten Volkswirtschaft steht.

Die **Änderungsrate des Wechselkurses** wird bestimmt durch:

(4) $\hat{e} = \hat{M}^n - \hat{P}' - \sigma_y \hat{Y} + \sigma_i \hat{i} \qquad \sigma_i > 0, \sigma_y > 0$

σ_y und σ_i bezeichnen dabei die Einkommens- bzw. den Absolutwert der Zinselastizität der Geldnachfrage. Gleichung (4) macht das Folgende deutlich:

- Ein Anstieg der inländischen **Geldmenge** induziert eine **proportionale Abwertung.**
- Ein Anstieg des **Weltpreisniveaus** führt zu einer **proportionalen Aufwertung.** Es gilt also die **Kaufkraftparität.**
- Ein Anstieg des **Weltzinssatzes** löst eine **Abwertung** aus.
- Ein Anstieg des **inländischen Sozialprodukts** hat eine **Aufwertung** zur Folge.

Letzteres steht im Widerspruch zur keynesianischen Einkommenstheorie. Dort führt eine Einkommenserhöhung eine **Abwertung** herbei. Auslöser hierfür sind höhere Importe. Gerade umgekehrt verhält es sich im monetären Ansatz: Ein Anstieg des Sozialprodukts erhöht den angestrebten Kassenbestand. Die Haushalte horten mehr. Auf dem Devisenmarkt hat das ein Überangebot zur Folge.

Der monetäre Ansatz führt bei gegebener Geldmenge, unverändertem Sozialprodukt und Weltzinssatz zur **Kaufkraftparität**. Insbesondere BILSON weist darauf hin, daß diese nicht durch die Güterarbitrage bewirkt wird. Eher ist davon auszugehen, daß die Preise in der jeweiligen Landeswährung das Güterarbitragegleichgewicht herstellen. Anders wäre auch nicht zu erklären, daß ein Ungleichgewicht in der Handelsbilanz durch eine Divergenz zwischen Inlandsproduktion und Inlandsnachfrage zustande kommt. Der Wechselkurs wird vielmehr im montären Ansatz unmittelbar durch Geldangebot- und nachfrage bestimmt: Steigt das Weltpreisniveau, sinkt der Realwert der Kassenhaltung. Die Wirtschaftssubjekte wollen diesen Rückgang durch Horten wettmachen. Es kommt zu einem Überangebot auf dem Devisenmarkt, die heimische Währung wertet auf. Bei unverändertem Sozialprodukt und Weltzins ist ein Gleichgewicht erst hergestellt, wenn der Wechselkurs proportional zum Preisanstieg gesunken ist.

Obiger Ansatz läßt sich auf eine "**large open economy**" übertragen, wenn man die folgenden Beziehungen berücksichtigt:

$$(5)\quad PC = -PC' = -\alpha'_M\left[M^{*'}(i',Y') - \frac{M^{n'}}{P'}\right] = 0$$

$$(5a)\quad P' = \frac{M^{n'}}{M^{*'}}$$

Unter Berücksichtigung von (5a) erhalten wir für den Wechselkurs:

$$(6)\quad e = \left[\frac{M^{n}}{M^{n'}}\right]\left[\frac{M^{*'}}{M^{*}}\right]$$

Bei gegebenen nationalen Geldnachfragen wird der Wechselkurs ausschließlich durch das Verhältnis zwischen in- und ausländischer **Geldmenge** bestimmt. In der Literatur wird der Wechselkurs in diesem Sinne als "**relative price of national moneys**" betrachtet.

Gleichung (6) setzt wohlbemerkt nicht die Kaufkraftparität außer Kraft. Da in- und ausländischer Güterpreis in einheitlicher Währung stets übereinstimmen, gilt:

$$(7)\quad \frac{P}{P'} = \left[\frac{M^{n}}{M^{n'}}\right]\left[\frac{M^{*'}}{M^{*}}\right] = e$$

Quantitäts- und Kaufkraftparitätentheorie sind in diesem Ansatz aufs engste miteinander verknüpft.

Für die **Änderungsrate** des Wechselkures folgt entsprechend:

$$(8)\quad \hat{e} \;=\; \hat{P}-\hat{P}' \;=\; (\hat{M}^n-\hat{M}^{n'})+(\sigma_{y'}\hat{Y}'-\sigma_y\hat{Y})-(\sigma_{i'}-\sigma_i)\hat{i}'$$

Wichtig für die Änderung des Wechselkurses sind somit internationale Unterschiede im Geldmengenwachstum und im realen Wirtschaftswachstum. Die Änderung von i' ist nur dann von Bedeutung, wenn σ_i und σ_i' divergieren. Legt man eine **stationäre Volkswirtschaft** zugrunde, die sich immer in einem Walrasianischen Gleichgewicht befindet, so spielen für die Änderungsrate des Wechselkurses ausschließlich internationale Unterschiede im Geldmengenwachstum, und damit in der **Geldpolitik** eine Rolle. Ein konstanter Wechselkurs kann somit durch eine entsprechend international koordinierte Geldpolitik realisiert werden.

Der monetäre Ansatz weist gegenüber den vorangehenden partiellen Ansätzen den Vorzug auf, daß er die Kaufkraftparität im Zusammenspiel sämtlicher Märkte der Volkswirtschaft bestimmt. Dabei sorgen eine internationale vollständige Substitutionsbeziehung zwischen Geld und Wertpapieren dafür, daß der Geldmarkt stellvertretend für alle anderen Märkte der Volkswirtschaft steht. Insbesondere die unterstellte vollkommene Substitutionsbeziehung zwischen in- und ausländischen Gütern und die stabile Geldnachfragefunktion sind Ursachen dafür, daß der Wechselkurs ausschließlich durch Geldangebot und -nachfrage bestimmt wird. Reale Faktoren und Zinssätze spielen für den Wechselkurs nur insofern eine Rolle, als sie die Geldnachfrage verändern. Eine konstante Geldnachfrage ist wiederum die Bedingung für die Kaufkraftparität. Sie bewirkt ferner, daß eine Geldmengenerhöhung, die über diejenige des Auslandes hinausgeht, eine proportionale Abwertung nach sich zieht.

Mit der Hypothese, der Wechselkurs werde durch Geldangebot und -nachfrage bestimmt, wenden sich die Vertreter des monetären Ansatzes gegen die sogenannten "strukturellen" Modelle, in denen Exporte und Importe von Gütern und Kapital den Wechselkurs bestimmen. Der strukturelle Ansatz wird dabei oft als obsolet betrachtet. Andererseits ist zu berücksichtigen, daß der monetäre Ansatz steht und fällt mit der Annahme einer **vollständigen Substitutionsbeziehung zwischen in- und ausländischen Gütern**. Dies aber bedeutet zu vernachlässigen, daß der Großteil des internationalen Handels nicht auf einer vollständigen, sondern auf einer **unvollständigen Substitutionsbeziehung** beruht. Trägt man dem Rechnung, ist zu bezweifeln, daß der Wechselkurs ausschließlich durch Geldangebot und -nachfrage bestimmt wird.

Eine Diskrepanz zwischen Theorie und Empirie zeigt sich auch in Folgendem: Der monetäre Ansatz der Wechselkursbestimmung wurde zu Beginn der 70er Jahre entwickelt. Diese Zeit markiert zugleich den Beginn des Übergangs zu einem Floaten der Wechselkurse der meisten Industrienationen gegenüber dem Dollar. Schon bald zeigten sich deutliche Abweichungen des Wechselkurses von dem, was im monetären Ansatz als fundamentale Bestimmungsfaktoren erkannt wurde. Insbesondere zeigt der Wechselkurs systematische Abweichungen von der Kaufkraftparität. Ferner zeigte sich, daß Erhöhungen der Geldmenge Abwertungsbewegungen auslösen, die über das Ausmaß der Geldmengenerhöhung hinausgehen ("overshooting"). Mit dem "equilibrium expectations approach" glaubte man hierfür eine Erklärung gefunden zu haben, ohne die Grundstruktur des monetären Modells aufgeben zu müssen.

5.4.2 Der "Equilibrium Rational Expectations Approach" [1]

Wie im Originalbeitrag des monetären Ansatzes wird eine **vollständige Substitutionsbeziehung** bei international gehandelten Gütern und Wertpapieren unterstellt. In- und ausländischer Güterpreis in einheitlicher Währung stimmen stets überein. Die entscheidende Modifikation zum monetären Ansatz ist darin zu sehen, daß nun **Wechselkursänderungserwartungen** berücksichtigt werden.

Im allgemeinen wird das Modell in log-linearer Form dargestellt. Wiederum wollen wir mit p, y und m die Logarithmen des Preisniveaus, des Sozialprodukts und der Geldmenge bezeichnen. Vereinfachend beschränken wir uns auf den Fall eines **kleines Landes**. Das Gesetz der Unterschiedslosigkeit der Preise führt zu:

$$(1) \quad p_t = p'_t + lne_t$$

Der Subindex "t" weist auf die Periode hin. Der Wechselkurs wird wiederum durch Geldangebot und -nachfrage bestimmt.

$$(2) \quad lne_t = (m_t - p'_t - \sigma_y y_t + \sigma_i i_t) \qquad \sigma_i > 0, \sigma_y > 0$$

σ_y und σ_i bezeichnen wiederum die Einkommenselastizität, bzw. den Absolutwert der Zinselastizität. Es gilt die Zinsparität:

$$(3) \quad i_t = i'_t + ln\dot{e}^e_t$$

1) Vgl. R.J. Barro (1978), F.O. Bilson (1979), J.A. Frenkel (1976), M. Mussa (1976).

$ln\dot{e}^e$ symbolisiert die erwartete Wechselkursänderung. Somit folgt für den Wechselkurs:

$$(2a)\quad ln e_t \;=\; m_t - p'_t - \sigma_y y_t + \sigma_i (i'_t + ln\dot{e}^e_t)$$

Gleichung (2a) macht deutlich, daß **erwartete Wechselkursänderungen** sowohl die Kaufkraftparität als auch eine proportionale Beziehung zwischen Geldmengen- und Wechselkursänderung vereiteln können. Dies ist dann der Fall, wenn die erwartete Wechselkursänderung selbst auf Geldmengen- und Preisänderungen reagiert. Damit rückt die Erwartungshypothese in den Mittelpunkt. Zentral für den monetären Ansatz ist dabei die Hyothese **rationaler Erwartungen**. Der für die Zukunft erwartete Wechselkurs stellt danach eine unverzerrte Schätzung auf der Grundlage des relevanten Modells dar, und dieses relevante Modell ist eben der monetäre Ansatz. Die Modellstruktur stellt dabei nur einen Teil des Informationspotentials dar, den die Anleger in t zur Bildung ihrer Erwartungen ausnutzen. Weitere Informationen basieren auf Parameterwerten, soweit ihre Änderungen nicht rein zufallsbedingt, sondern **systematisch** sind.

$$(4)\quad ln\dot{e}_t \;=\; E_t ln e_{t+1} - ln e_t$$

$E_t ln e_{t+1}$ ist dabei der logarithmierte Wert des auf der Grundlage der in t verfügbaren Informationen für $t+1$ erwarteten Wechselkurs. Um $E_t ln e_{t+1}$ zu bilden, definieren wir zunächst vereinfachend:

$$(5)\quad z_t \equiv m_t - p'_t - \sigma_y y_t + \sigma_i i'_t$$

Setzen wir (5) und (4) in die Gleichung (2a) ein, führt dies zu:

$$(2b)\quad ln e_t \;=\; \left(\frac{1}{1+\sigma_i}\right)(z_t + \sigma_i E_t ln e_{t+1})$$

Definieren wir:

$$(6)\quad \frac{1}{1+\sigma_i} \equiv \alpha \qquad 0 < \alpha < 1$$

$$(7)\quad \frac{\sigma_i}{1+\sigma_i} \equiv \beta \qquad 0 < \beta < 1$$

können wir für (2b) schreiben:

$$(2c)\quad ln e_t \;=\; \alpha z_t + \beta E_t ln e_{t+1}$$

Um $E_t lne_{t+1}$ zu bilden, iterieren wir (2c) um eine Periode nach vorne:

$$(8)\quad lne_{t+1} = \alpha z_{t+1} + \beta E_{t+1} lne_{t+2}$$

Nach dem Gesetz der iterierten Erwartungen gilt:

$$(9)\quad E_t lne_{t+2} = E_{t+1} lne_{t+2}$$

Eine heuristische Interpretation von Gleichung (9) könnte wie folgt lauten: Wenn ein Akteur danach gefragt wird, wie er seine Erwartungen ändern würde, falls mehr Informationen verfügbar wären, dann wird ein Akteur mit rationalen Erwartungen mit einer 50 %igen Wahrscheinlichkeit die Erwartungen nach oben und mit derselben Wahrscheinlichkeit nach unten revidieren. Im Mittel würde also keine Revision vorgenommen [1)].

Somit können wir schreiben:

$$(8a)\quad lne_{t+1} = \alpha z_{t+1} + \beta E_t lne_{t+2}$$

Wir bilden nun den mathematischen Erwartungswert von lne_{t+1} basierend auf den in t verfügbaren Informationen:

$$(10)\quad E_t lne_{t+1} = \alpha E_t z_{t+1} + \beta E_t lne_{t+2}$$

Eingesetzt in Gleichung (2c) erhalten wir:

$$(2d)\quad lne_t = \alpha z_t + \alpha\beta E_t z_{t+1} + \beta^2 E_t lne_{t+2}$$

Als nächstes bilden wir $E_t lne_{t+2}$. Grundlage ist

$$(11)\quad lne_{t+2} = \alpha z_{t+2} + \beta E_t lne_{t+3}$$

Wir erhalten:

$$(12)\quad E_t lne_{t+2} = \alpha E_t z_{t+2} + \beta E_t lne_{t+3}$$

Eingesetzt in (2d) führt dies zu:

$$(2e)\quad lne_t = \alpha[z_t + \beta E_t z_{t+1} + \beta^2 E_t z_{t+2}] + \beta^3 E_t lne_{t+3}$$

Setzen wir unsere Iterationen bis $t = T$ fort, erhalten wir:

1) Vgl. O. Blanchard, St. Fischer (1989), S. 218.

$$(2d) \quad lne_t = \alpha \sum_{j=0}^{T} \beta^j z_{t+j} + \beta^{T+1} E_t lne_{t+T+1}$$

Der erste Term auf der rechten Seite von Gleichung (2d) entspricht der partikulären Lösung einer deterministischen Differenzengleichung; der zweite Term beschreibt dann die homogene Lösung. Wenn T gegen unendlich geht, konvergiert der Wechselkurs gegen den ersten Term für:

$$(13) \quad \lim_{T \to \infty} \beta^{T+1} E_t lne_{t+T+1} = 0$$

Davon wird in der Regel im "equilibrium expectations approach" ausgegangen [1]. In diesem Fall wird der aktuelle Wert des Wechselkurses durch das laufende und in allen zukünftigen Perioden **erwartete** Niveau von z_t bestimmt. Wie im Rahmen der Originalversion dargestellt, umfaßt z dabei die **fundamentalen Bestimmungsfaktoren**. Im Gegensatz zum Originalbeitrag spielen nun aber nicht nur die aktuellen, sondern zusätzlich die für die Zukunft erwarteten Werte eine Rolle. Wird somit für $t+1$ eine Geldmengenerhöhung erwartet, obwohl m_t konstant ist, hat das bereits in t eine Abwertung zur Folge.

Für die erwartete Wechselkursänderung können wir schreiben:

$$(14) \quad E_t lne_{t+1} - lne_t = \frac{1}{1+\sigma_i}[(E_t z_{t+1} - z_t] + (E_t z_{t+2} - E_t z_{t+1}) + \ldots]$$

Die erwartete Wechselkursänderung wird somit bestimmt durch eine in allen Perioden erwartete Änderung der nominellen Geldmenge, des Weltpreisniveaus, des realen Sozialprodukts und des Weltzinssatzes.

Angenommen, in t steige die nominelle Geldmenge. Gehen die Wirtschaftssubjekte davon aus, daß m auf diesem Niveau in aller Zukunft verharrt, dann ist die für $t+1$ erwartete Wechselkursänderung offensichtlich gleich 0. in diesem Fall wird, wie in der Originalfassung des monetären Ansatzes, der Wechselkurs in t proportional zu m steigen.

Gehen die Wirtschaftssubjekte allerdings davon aus, daß die nominelle Geldmenge in der folgenden Periode auf ihr altes Niveau absinkt, die Geldmengenerhöhung also nur **temporär** ist, rechnen die Anleger mit einer **Aufwertung**. In diesem Fall ist in der laufenden Periode von einem "undershooting" auszugehen.

---

1) Vgl. O. Bilson 1979.

Ein "overshooting" findet entsprechend statt, wenn die Anleger davon ausgehen, daß die Geldmenge in $t+1$ abermals steigen wird. Von einem Überschießen des laufenden Wechselkurses kann auch gesprochen werden, wenn die laufende Geldmenge konstant ist, jedoch die Anleger für $t+1$ eine Geldmengenerhöhung erwarten. In diesem Fall wird es bereits in t zu einer Abwertung kommen.

Wichtig für die Erwartungsbildung ist, wie der Zeitpfad der Geldmenge, des Weltpreisniveaus, des Sozialprodukts und des Weltzinssatzes aussieht. Konzentrieren wir uns beispielhaft auf die Geldmenge, so ist das Verhalten der Zentralbank angesprochen. Angenommen, es gelte:

$$(15) \quad m_t = m_R + u_t$$

m_R bezeichne den regelgebundenen Teil der Geldmenge. Für u folgt:

$$(16) \quad u_t = u_{t-1} + v_t \qquad E_t v_t = 0, \sigma_v^2 > 0$$

v_t beschreibt sozusagen den diskretionären Teil der Geldpolitik. v folgt einem Zufallsprozeß, sein Erwartungswert ist gleich 0, die Varianz positiv. Bildet man nun exemplarisch die für $t+1$ und $t+2$ erwarteten Werte, erhalten wir:

$$(17) \quad E_t z_{t+1} = m_R + u_{t-1} + v_t$$

$$(18) \quad E_t z_{t+2} = m_R + u_{t-1} + v_{t+1}$$

Änderungen der geldpolitischen Regel, die m_R betreffen, geben also keinen Anlaß, von zukünftigen Wechselkursänderungen auszugehen. Anders verhält es sich mit diskretionären Maßnahmen, die zu $v_{t+1} \neq v_t$ führen. Sie geben zu Spekulation Anlaß und bewirken auf diese Weise Abweichungen des aktuellen vom tatsächlichen Wechselkurs.

Somit wird de facto der schwarze Peter für Abweichungen des Wechselkurses von den "fundamentals" ad hoc Maßnahmen der Zentralbank zugeschoben. Wichtig dabei ist, daß die dadurch bedingten Abweichungen nur temporär sind, da die neuen Informationen schnell und lückenlos verarbeitet werden.

Zusammenfassend können wir festhalten:

- Zentrale Bestimmungsfaktoren für den Wechselkurs sind im monetären Ansatz Geldangebot und Geldnachfrage.

- Ist die Geldnachfrage konstant, führt der Ansatz zur Kaufkraftparitätentheorie. Ferner werden Wechselkursänderungen vollständig durch internationale Unterschiede in Geldmengenwachstum erklärt.
- Die Geldnachfrage kann dagegen nicht mehr als konstant betrachtet werden, wenn die Anleger Änderungen des Wechselkurses erwarten. In diesem Fall kommt es zu Abweichungen von den "fundamentals".
- Bei rationalen Erwartungen werden diese Abweichungen vor allem durch nicht systematische Ereignisse verursacht, und sie stellen nur eine temporäre Erscheinung dar.

5.4.3 Die Erklärung der Wechselkursentwicklung durch rationale Seifenblasen [1)]

Obige Ausführungen legen den Schluß nahe, mit dem "equilibrium expectations approach" könnten die in der Realität beobachteten **kumulativen** Abweichungen des Wechselkurses von den fundamentalen Bestimmungsgründen nicht erklärt werden. Im Rahmen der Zinsparitätentheorie haben wir Elemente der Bubble-Theorie vorgestellt, mit der auf der Grundlage von "willkürlichen" und sich selbst realisierenden Erwartungen eine Erklärung angeboten wird. Bedeutet dies eine Kapitulation der Hypothese rationaler Erwartungen?

Ein Blick in einschlägige Literaturbeiträge zeigt uns, daß die Antwort ein klares Nein ist. Rationale Erwartungen sind mit einer seifenblasenähnlichen Entwicklung des Wechselkurses durchaus vereinbar. Um dies zu zeigen, kehren wir zum Abschnitt 5.4.2 zurück und betrachten die Gleichung (2d). Da sie den Ausgangspunkt für unsere folgenden Überlegungen ist, erhält sie nun die Gleichungsnummer (1):

$$(1) \quad lne_t = \alpha \sum_{j=0}^{T} \beta^j z_{t+j} + \beta^{T+1} E_t lne_{t+T+1}$$

Im Abschnitt 5.4.2 haben wir für $T \rightarrow \infty$ den letzten Term gleich Null gesetzt. Bei einer deterministischen Differenzengleichung ist das dann der Fall, wenn $|\beta| < 1$ ist.

$$e_t = \beta e_{t-1} + \alpha z$$

1) Vgl. O. Blanchard, St. Fischer (1989), S. 213 ff, E.W. Heri (1986).

Vereinfachend setzen wir z konstant. Substituieren wir wiederholt und beginnen mit $t = 1$, folgt:

$$e_1 = \beta e_0 + \alpha z$$

$$e_2 = \beta^2 e_0 + \alpha\beta z + \alpha z$$

$$e_3 = \beta^3 e_0 + \alpha^2\beta z + \alpha\beta z + \alpha z$$

Hieraus folgt als Lösung:

$$e_t = (e_0 - e^*)\beta^t + \frac{\alpha}{1-\beta}$$

$$e^* = \frac{\alpha}{1-\beta}$$

e_0 ist dabei ein Anfangswert, also konstant. Offensichtlich ist dann $|\beta| < 1$ notwendig und hinreichend, damit β^t für t gegen unendlich verschwindet.

Bei Gleichung (1) nun handelt es sich um die Lösung einer (stochastischen) Differenzengleichung mit rationalen Erwartungen. Anstelle des Anfangswertes von e steht eine **Erwartungsgröße**, die in jeder Periode neu bestimmt werden muß. Damit reicht $|\beta| < 1$ nicht mehr aus, um zu garantieren, daß der Wechselkurs für $T \rightarrow \infty$ gegen den Wert

$$(2) \quad \ln e^* = \alpha \sum_{j=0}^{T} \beta^j z_{t+j}$$

tendiert. Mit anderen Worten ist (2) nicht die einzige Lösung. So z. B. wäre denkbar:

$$(3) \quad \ln e_t = \ln e^* + b_t$$

Um herauszufinden, welchen Restriktionen b_t genügen muß, damit (3) tatsächlich eine Lösung ist, setzen wir (3) in die Gleichung:

$$(4) \quad \ln e_t = \alpha z_t + \beta E_t \ln e_{t+1}$$

ein:

$$(4a) \quad \ln e^* + b_t = \alpha z_t + \beta E_t \ln e^*_{t+1} + \beta E_t b_{t+1}$$

Hierbei gilt:

$$(5) \quad \ln e^* = \alpha z_t + \beta E_t \ln e^*_{t+1}$$

Somit muß für b_t gelten:

$$(4b)\quad b_t = \beta E_t b_{t+1} \qquad |\beta| < 1$$

$$(4c)\quad E_t b_{t+1} = \frac{1}{\beta} b_t$$

Da $|\beta| < 1$ ist, weist der für $t+1$ erwartete Wert von b_t einen explosiven Verlauf auf.

Substituieren wir (4b) wiederholt bis T , so folgt:

$$(4d)\quad E_t b_{t+T+1} = \left(\frac{1}{\beta}\right)^{T+1} b_t$$

Ersetzt man in (1) den 2. Term durch (4d), erhält man:

$$(1a)\quad ln e_t = e^* + b_t$$

b_t **beschreibt die Bubble-Komponente.** Der Verlauf der Seifenblase hängt davon ab, wie b_t bestimmt wird. Hier ist grundsätzlich alles möglich, was die Marktakteure für die Wechselkursentwicklung als bedeutsam erachten. Dies können sowohl psychologische, politische oder aber ökonomische Argumente sein, die mit dem "relevanten" Modell nichts zu tun haben.

Je nach dem Zeitpfad von b_t wird zwischen einem "**ever-expanding**" und einem "**bursting bubble**" unterschieden.

Im erstgenannten Fall folgt b_t einem Zeitpfad:

$$(6)\quad b_t = b_0 a^t \qquad |a| > 1$$

Im letztgenannten Fall besteht besteht für jede Periode eine Wahrscheinlichkeit, daß der "bubble" platzt. Dies entspricht einer Situation, wie wir sie im Zinsparitätenmodell angenommen haben. Die dort abgeleitete kumulative Wechselkursentwicklung ist mit rationalen Erwartungen vereinbar.

5.4.4 Extraneous Beliefs [1)]

Wie oben dargestellt, können im Bubble-Term auch ökonomische Faktoren enthalten sein, die mit dem relevanten Modell nichts zu tun haben. R. Dornbusch bezeichnet sie als "extraneous beliefs" und liefert hierzu ein Beispiel. Ausgangspunkt bildet die Bestimmungsgleichung für den Wechselkurs im Rational-Equilibrium-Expectations-Ansatz:

$$(1) \quad lne_t = \alpha z_t + \beta lne^e_{t+1}$$

Für die Erwartungshypothese folgt nun:

$$(2) \quad lne^e_{t+1} = \alpha E_t z_{t+1} + \gamma E_t \ln CC_{t+1}$$

CC symbolisiert dabei wiederum den Saldo in der Leistungsbilanz. Die Akteure legen dem erwarteten Wechselkurs also nicht nur den erwarteten Pfad der Fundamentalfaktoren zugrunde. Eine Rolle spielt zusätzlich die erwartete Leistungsbilanz - ein Faktor, der im relevanten Modell nicht auftaucht. Substituieren wir vorwärts, führt dies zu:

$$(1a) \quad lne_t = \alpha z_t + \alpha\beta E_t z_{t+1} + \beta\gamma E_t \ln CC_{t+1}$$

Die ersten beiden Terme bilden den Einfluß der Fundamentalfaktoren ab. Wären nur sie existent, würden wir für lne_t nach wiederholter Iteration bis T erhalten:

$$lne_t = \alpha \sum_{j=0}^{T} E_t z_{t+j} \beta^j$$

Nun kommt der Einfluß der Leistungsbilanz hinzu. Angenommen, hierfür gilt:

$$(3) \quad \ln CC_t = \lambda \ln CC_{t-1} + u_t \qquad E_t u_{t+1} = 0$$

Dies ist eine inhomogene Differenzengleichung erster Ordnung mit der Lösung:

$$(3a) \quad \ln CC_t = \ln CC_0 \lambda^t + \alpha \sum_{i=0}^{t} \lambda^i u_{t+i}$$

Unter Berücksichtigung von (3a) erhalten wir für den aktuellen Wechselkurs:

$$(1b) \quad lne_t = \alpha \sum_{j=0}^{T} \beta^j E_t z_{t+j} + \beta\gamma \left(\ln CC_0 \lambda^t + \sum_{i=0}^{t} \lambda^i u_{t+i} \right)$$

1) Vgl. R. Dornbusch (1982), S. 587 ff.

Soll der Wechselkurs nicht lediglich stochastisch von seinem Fundamentalwerten abweichen, muß $|\lambda| > 1$ sein. In diesem Fall haben wir es mit einem "**everlasting-bubble**" zu tun.

Das Extraneous-Belief-Modell zeigt nicht nur, wie Seifenblasen in ein Modell mit rationalen Erwartungen eingefügt werden können. Es macht auch deutlich, wovon der Bubble-Term abhängt: Er ist nur existent, wenn die Akteure andere als die Fundamentalfaktoren für wichtig halten. Dies aber bedeutet in letzter Konsequenz, daß sie das jeweils zugrunde gelegte Modell nicht für das uneingeschränkt relevante halten. Die entscheidende Frage stellt sich, was sie zu diesem Verhalten bewegt. Die naheliegende Antwort ist die, daß in der Tat das zugrunde gelegte Modell nicht das korrekte ist. Offen bleibt dann die Frage, warum sie es dennoch beibehalten und "extraneous beliefs" aufpropfen. Diese Frage ist insbesondere deshalb berechtigt, weil "bubbles" nicht nur kurzfristige, sondern **permanente** Abweichungen von den Fundamentalfaktoren verursachen (können). M.E. besteht aber in einer Welt, die dem monetären Ansatz entspricht, keine Notwendigkeit für "extraneous beliefs". Diese Welt ist nämlich durch ein solch hohen Grad an Homogenität gekennzeichnet, daß rationale Erwartungen durchaus eine Berechtigung haben.

Tatsache ist jedoch, daß die Realität weitaus komplexer ist, als es die Prämissen des monetären Ansatzes suggerieren wollen. Wie die Ausführungen dieses Lehrbuches zeigen, gibt es somit nicht ein relevantes Modell; vielmehr konkurriert eine ganze Vielzahl. Deutlich wurde auch, daß keines eine generelle Überlegenheit beanspruchen kann. Der richtige Kern des "equilibrium expectations approch" liegt darin, in Erwartungen den Hauptmotor für Wechselkursänderungen zu sehen. Allerdings stellt sich die berechtigte Frage, ob nicht angesichts der zutage tretenden Erklärungsmängel existierender Theorien, die Spekulanten überhaupt auf derartige systematischen Erklärungsversuche zurückgreifen [1].

5.5 Anmerkungen zu intertemporalen Ansätzen [2]

Der Cash-In-Advance-Ansatz bei festen Kursen kann - und wird in der Literatur auch auf ein System flexibler Wechselkurse übertragen. Wie im monetären Ansatz ist Devisenmarkt- mit Geldmarktungleichgewicht vereinbar. Existieren keine geld-

1) Vgl. R. Stöttner (1989), insbes. S. 470 ff.

2) Vgl. E. Helpman 1981.

mengenfinanzierten Budgetdefizite, ist Devisenmarktgleichgewicht identisch mit [1]:

$$(1) \quad Y_t P_t = Y_{t-1} P_{t-1}$$

$$(2) \quad P_i = P'_i e_i \qquad i = t-1, t$$

$$(1a) \quad Y_{t-1} e_{t-1} P'_{t-1} = Y_t P'_t e_t$$

$$(1b) \quad \frac{e_t}{e_{t-1}} = \left(\frac{Y_{t-1}}{Y_t}\right)\left(\frac{P'_{t-1}}{P'_t}\right)$$

Gleichung (1b) kann als Bestimmungsgleichung für die Änderung des Wechselkurses interpretiert werden. Befinden sich In- und Ausland in einem stationären Gleichgewicht, folgt der Wechselkurs der Kaufkraftparität.

Berücksichtigen wir geldmengenfinanzierte Budgetdefizite in t, ändert sich (1) zu:

$$(1') \quad Y_t P_t - \Delta D_t^n = Y_{t-1} P_{t-1}$$

und somit zu:

$$(1b') \quad e_t = e_{t-1}\left[\left(\frac{Y_{t-1}}{Y_t}\right)\left(\frac{P'_{t-1}}{P'_t}\right)\right] + \frac{\Delta D_t^n}{Y_t P'_t}$$

Offensichtlich wird durch ein geldmengenfinanziertes Budgetdefizit die Kaufkraftparität unterbrochen. Ebenso wird deutlich, daß in einem stationären Gleichgewicht mit Weltmarktpreiskonstanz ein staatliches Budgetdefizit zu einer Abwertung im Zeitablauf führt:

$$(1c') \quad \frac{e_t - e_{t-1}}{e_{t-1}} = \hat{D}_t^n \frac{D_{t-1}^n}{Y_{t-1} P_{t-1}}$$

Hierbei fällt bei $(D_{t-1}^n / Y_{t-1}^n) < 1$ die Rate der Abwertung kleiner aus als der Anstieg der Geldmenge.

Im Mittelpunkt intertemporaler Ansätze stehen allerdings weniger die Bestimmungsfaktoren des Wechselkurses als vielmehr die bereits behandelten Bestimmungsfaktoren der Leistungsbilanz und dynamische Allokationsaspekte unterschiedlicher Wechselkursregime. Hierbei hat Helpman (1981) festgestellt, daß die zeitliche Allokation des Konsums bei festen und flexiblen Wechselkursen gleich ist und derjenigen in einer kostenlosen Tauschwirtschaft entspricht. Kritisch ist hier

1) Vgl. II. 3.4.

anzumerken, daß "perfect foresight" herrscht und keine spekulativen Momente berücksichtigt werden. Eine globale Gleichgewichtsanalyse ist aber nicht geeignet, um die zu beobachtende Wechselkursdynamik zu erklären!

6 Literaturverzeichnis zu Kapitel III

W. Bakenecker (1983): "Portfoliotheoretische Wechselkursanalyse", Hamburg.

B. Balassa (1964): "The Purchasing-Power-Parity Doctrine: A Reppraisal". In: Journal of Political Economy, S. 584 - 596.

E. Baltensperger, P. Böhm (1982): "Stand und Entwicklungstendenzen der Wechselkurstheorie - Ein Überblick". In: Devisenmärkte und Währungsrisiken, Diessenhofen.

R.J. Barro (1978): "A Stochastic Equilibrium Model of an Open Economy under Flexible Exchange Rates". In: Ouarterly Journal of Economics, Vol. 92, S. 149 - 164.

F.O. Bilson (1979): "Recent Developments in Monetary Models of Exchange Rate Determination". In: IMF Staff Papers, Bd. 26, S. 201 - 223.

O. Blanchard, St. Fischer (1989): "Lectures on Macroeconomics", Cambridge, Mass.

W. Branson (1976): "Asset Markets and Relative Prices in Exchange Rate Determination". Seminar Paper No. 66, Institute for International Economic Studies, University of Stockholm.

R. Dornbusch (1976): "Exchange Rate Expectations and Macroeconomic Policy". In: Journal of International Economics, Bd. 6, S. 231 - 244.

R. Dornbursch (1977): "Capital Mobility and Portfolio Balance". In: R. Aliber (Hrsg): "The Political Economy of Monetary Reform", S. 106 - 125.

R. Dornbusch (1982): "Equilibrium and Disequilibrium Exchange Rates". In: Zeitschrift für Wirtschafts- und Sozialwissenschaften, 37, S. 573 - 599.

W. Filc (1982): "Monetäre Wechselkurstheorie, makroökonomische Portfoliotheorie und wechselkursorientierte Geldpolitik". In: Beihefte zu Kredit und Kapital, Heft (7): Geld- und Währungspolitk in der Bundesrepublik Deutschland, Berlin, S. 499 ff.

J.M. Fleming (1962): "Domestic Financial Policies under Fixed and Floating Exchange Rates". In: IMF statt Papers, Bd. 9, S. 369 - 380.

J.A. Frenkel (1976): "A Monetary Approach to the Exchange Rate: Doctrinal Aspects and Empirical Evidence". In: Scandinavian Journal of Economis, Bd. 78, S. 200 - 224.

G. Gandolfo (1971): "Mathematical Methods and Models in Economic Dynamics", Amsterdam, London.

I. Größl (1986): "Der Zusammenhang von finanz- und realwirtschaftlichem Sektor einer offenen stationären Volkswirtschaft. Eine kritische Würdigung ausgewählter neoklassischer Ansätze", Berlin.

I. Größl-Gschwendtner (1990): "Wechselkurstheorien". In: Wisu, 8, S. 24 - 529.

Dieselbe (1991): "Gesamtwirtschaftliche Ansätze der Wechselkursbestimmung". In: Wisu, 2, S. 127 - 132.

E. Helpman (1981): An Exploration in the Theory of Exchange Rate Regimes. In: Journal of Political Economy, Vol. 89, No. 5, S. 865 - 890.

E.W. Heri (1986): "Irrationales rational gesehen: Eine Übersicht über die Theorie der "Bubbles". In: Schweizerische Zeitschrift für Volkswirtschaft und Statistik, 2, S. 163 - 185.

H.-J. Jarchow, P. Rühmann (1982): "Monetäre Außenwirtschaft. I. Monetäre Außenwirtschaftstheorie", Göttingen.

P.J.K. Kouri (1976): "The Exchange Rate and the Balance of Payments in the Short-Run and in the Long-Run: A Monetary Approach". In: Scandinavian Journal of Economics, Bd. 78, S. 280 - 304.

R.A. Mundell (1968): "International Economics", New York.

M. Mussa (1976): "The Exchange Rate, the Balance of Payments, and Monetary and Fiscal Policy under a System of Controlled Floating". In: Scandinavian Journal of Economics, S. 229 - 248.

L.H. Officer (1976): "The Purchasing-Power-Parity Theory of Exchange Rates: A Review Article". In: IMF Staff Papers, Vol. 23, S. 1 ff.

A.E. Ott (1970): "Dynamische Wirtschaftstheorie", Göttingen.

J. Roth (1975): "Der internationale Konjunkturzusammenhang bei flexiblen Wechselkursen", Tübingen.

R. Stöttner (1991): "Finanzanalyse. Grundlagen der markttechnischen Analyse", München.

IV MATHEMATISCHER ANHANG

1. Hinweise zur Stabilitätsanalyse

Die Stabilitätsanalyse untersucht, unter welchen Bedingungen ein System im Ungleichgewicht zum Gleichgewicht zurückfindet. Formal beschrieben wird eine Ungleichgewichtssituation durch Differenzen- bzw. Differentialgleichungen. Wir wollen uns auf Differentialgleichungen beschränken.

Stabilitätsbedingungen aufzufinden, ist am einfachsten, wenn das Modell durch eine Differentialgleichung erster Ordnung abgebildet wird.

(1) $\dot{X} = F(X,b) \qquad b = b_0$

Konzentrieren wir uns auf Gleichgewichte, in denen die Variablen keine Änderung mehr aufweisen, ist das System stabil, wenn $\dot{X}$ immer kleiner wird und schließlich verschwindet. Dies wird druch die folgende Graphik abgebildet:

Abbildung (1)

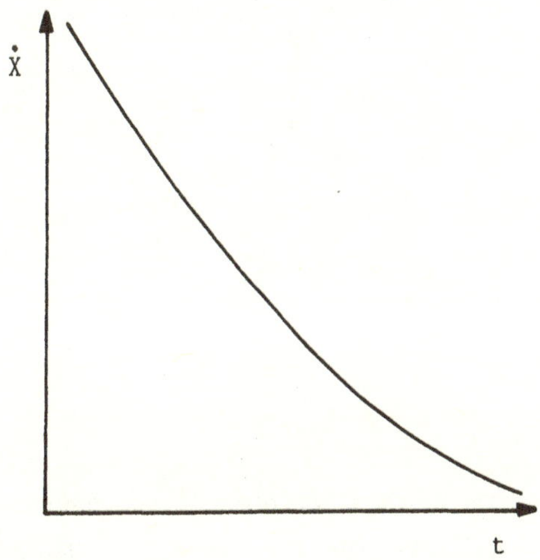

Voraussetzung für die Stabilität eines Systems, das durch eine Differentialgleichung 1. Ordnung abgebildet wird, ist also offensichtlich:

(2) $\frac{\partial \dot{X}}{\partial X} < 0$

Führt unser Modell zu einem System von zwei Differentialgleichungen 1. Ordnung, die jeweils nicht linear sind, können wir die Stabilitätsbedingungen mit Hilfe von **Phasenkurven** ermitteln. Ausgangspunkt sei das folgende Gleichungssystem:

(3) $\dot{X} = F(X,Y,b)$

(4) $\dot{Y} = G(X,Y,c)$

b und c sind konstant. Setzen wir $\dot{X} = 0$, erhalten wir den geometrischen Ort derjenigen (X,Y) -Kombinationen., für die X im Zeitablauf keine Änderung aufweist (XX-Kurve). Die Steigung dieser Kurve hängt ab von F_X und F_Y. Wir unterstellen $F_X < 0$ und $F_Y > 0$. In diesem Fall hat die XX-Kurve positive Steigung [1]:

Abbildung (2)

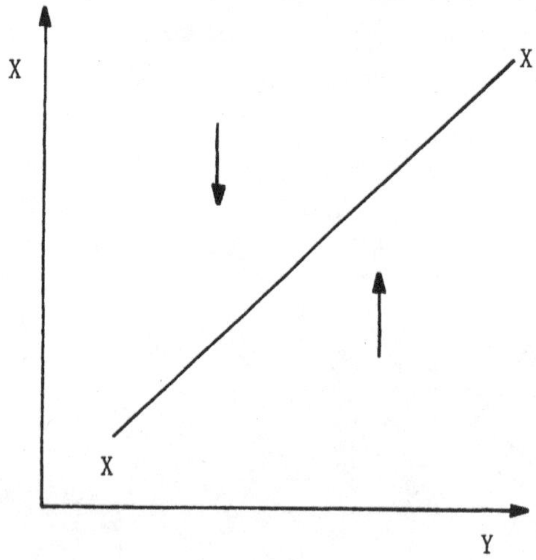

Von Interesse für die Stabilität ist, wie X sich oberhalb und unterhalb der XX-Kurve verhält. Wir verdeutlichen dieses Verhalten durch Pfeile. Die Pfeilrichtung ermitteln wir aus der Differentialgleichung. Vereinfachend nehmen wir einen linearen Verlauf an:

(5) $\dot{X} = +a_{11}X + a_{12}Y + b \qquad a_{11} < 0, a_{12} > 0$

1) Vereinfachend zeichnen wir lineare Kurven.

Für $\dot{X} = 0$ erhalten wir:

$$(6)\quad X = -\frac{a_{12}}{a_{11}}Y - \frac{b}{a_{11}} = X^*$$

Gleichung (6) beschreibt die XX-Kurve. Für $\dot{X} > 0$ erhalten wir:

$$(7)\quad \dot{X} = +a_{11}X + a_{12}Y + b > 0$$

$$(7a)\quad X < -\frac{a_{12}}{a_{11}}Y - \frac{b}{a_{11}} \qquad a_{11} < 0$$

Daraus folgt: Ist $X < X^*$, steigt X im Zeitablauf; Punkte **unterhalb** der XX-Kurve beschreiben m. a. W. Situationen, in denen X im Zeitablauf steigt.

Das Systemverhalten kann hier durch einen Pfeil dargestellt werden, der auf die XX-Kurve gerichtet ist. Analog verhält es sich oberhalb der XX-Kurve.

Kommen wir nun zur Differentialgleichung in (4). Wir beginnen mit $G_Y < 0$ und $G_X < 0$. Die YY-Kurve hat also eine **negative** Steigung. Um herauszufinden, wie die Bewegungsrichtung abseits der Y-Kurve aussieht, unterstellen wir den folgenden linearen Verlauf:

$$(8)\quad \dot{Y} = +a_{21}X + a_{22}Y + c \qquad a_{21}, a_{22} < 0$$

Abbildung (3)

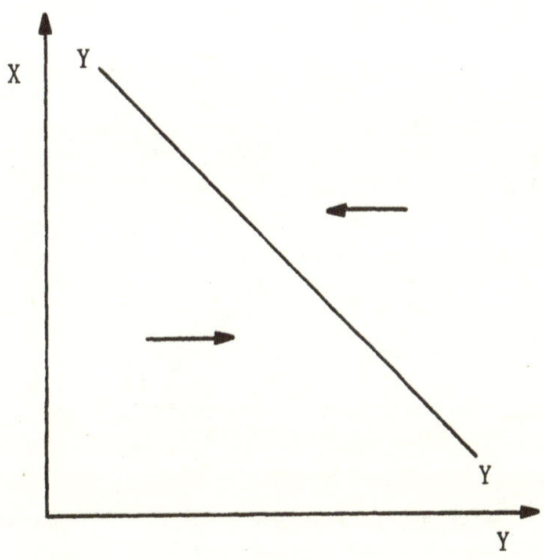

Für $\dot{Y} = 0$ erhalten wir:

$$(9)\quad Y = -\frac{a_{21}}{a_{22}}X - \frac{c}{a_{22}} = Y^*$$

Für $\dot{Y} > 0$ erhalten wir:

$$(10)\quad \dot{Y} = a_{21}Y + a_{22}Y + c > 0$$

$$(10a)\quad a_{22}Y > -a_{21}X - c$$

$$(10b)\quad Y < -\frac{a_{21}}{a_{22}}X - \frac{c}{a_{22}} \qquad a_{22} < 0$$

[1]

[2]

$$(10b)\quad Y < -\frac{a_{21}}{a_{22}}X - \frac{c}{a_{22}} \qquad a_{22} < 0$$

Wenn also Y kleiner ist als Y^*, steigt Y im Zeitablauf, und das System bewegt sich auf die YY-Kurve zu. Analog verhält es sich für $Y < Y^*$.

Als nächstes fügen wir beide Kurven zusammen:

Abbildung (4)

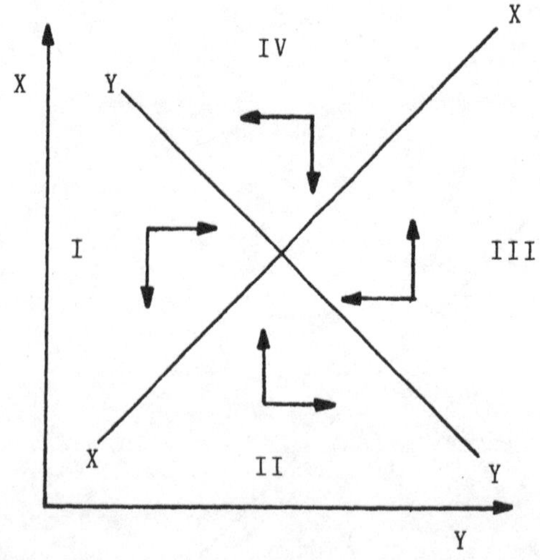

1) Wir dividieren beide Seiten mit einem negativen Ausdruck; deshalb ändert sich das Vorzeichen.

2) Wir dividieren beide Seiten mit einem negativen Ausdruck; deshalb ändert sich das Vorzeichen.

Offensichtlich bewegt sich das System in allen vier Bereichen auf den Gleichgewichtspunkt zu. Es ist stabil.

Unterstellen wir nun $a_{21} > 0$. Die YY-Kurve hat also auch eine positive Steigung. Hierbei gilt:

Abbildung (5)

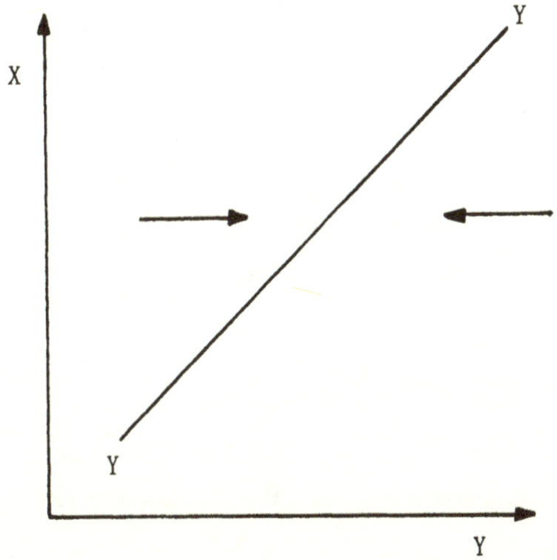

Fügen wir XX-Kurve und YY-Kurve zusammen, sind folgende Möglichkeiten zu unterscheiden:

Abbildung (6)

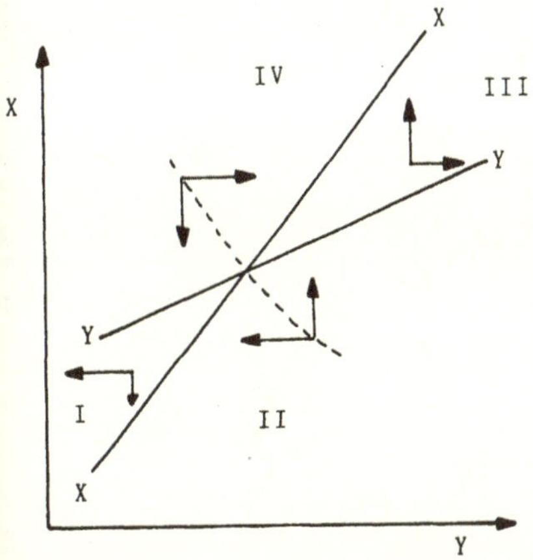

Abbildung (7)

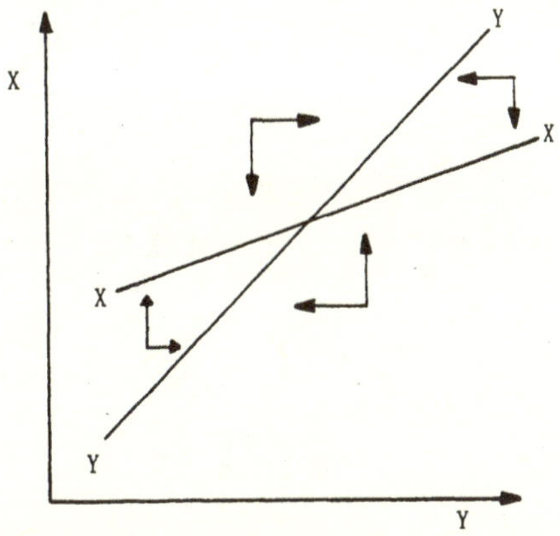

Entscheidend für die Systemstabilität ist nun das relative Steigungsmaß der Kurven. In der rechten Abbildung verlauft die YY- steiler als die XX-Kurve. Das bedeutet: Geht Y um eine Einheit zurück, ist ein kleinerer Rückgang von X erforderlich, um zur XX-Kurve zurückzukehren, also notwendig ist, um zur YY-Kurve zu gelangen. Es gilt also:

$$\left|\frac{F_X}{F_Y}\right| < \left|\frac{G_X}{G_Y}\right|$$

In diesem Fall ist das System überall stabil. Anders sieht es in der linken Abbildung aus. Nur, wenn sich das System in (II) und (IV) befindet, ist Stabilität möglich. Voraussetzung ist hierbei, daß Anfangsbedingungen erfüllt sind, die zu einer Bewegung auf der gestrichelten Linie (Trajektorie) führen (Sattelpunktlösung).

2. Ausrechnungen zu III. 5.3.3.2.2 und 5.3.3.3

Grundlage ist das stationäre Gleichgewicht. Wir differenzieren die endogenen Variablen nach M^n (Offenmarktpolitik) und P'. In relativen Änderungsraten folgt:

$$(1) \quad a_{11}\hat{i} + a_{12}\hat{e} + a_{13}\hat{B}^{n'} = a_1\hat{M}^n + a_2\hat{P}'$$

$$(2) \quad a_{21}\hat{i} + a_{22}\hat{e} + a_{23}\hat{B}^{n'} = b_1\hat{M}^n + b_2\hat{P}'$$

$$(3) \quad a_{31}\hat{i} + a_{32}\hat{e} + a_{33}\hat{B}^{n'} = c_1\hat{M}^n + c_2\hat{P}'$$

$$a_{11} = L_i\frac{i}{M} < 0 \quad a_{12} = \left(1 - L_w - L_w\frac{B}{M}\right) \gtreqless 0$$

$$a_{13} = L_w\frac{B'}{M} > 0$$

$$a_{21} = -F_i\frac{i}{B'} > 0 \quad a_{22} = -F_w\left(\frac{M+B}{B'}\right) < 0$$

$$a_{23} = (F_w - 1) < 0$$

$$a_{31} = 0 \quad a_{32} = -C_w\frac{(M+B)}{B'} < 0$$

$$a_{33} = (C_w - 1) < 0$$

$$a_1 = 1 \qquad a_2 = -1 + L_w\left(1 + \frac{B + B'}{M}\right) \gtreqless 0$$

$$b_1 = 0 \qquad b_2 = +F_w \frac{(M + B + B')}{B'} - 1 \gtreqless 0$$

$$c_1 = 0 \qquad c_2 = +C_w\left(\frac{M + B + B'}{B'}\right) - 1 \gtreqless 0$$

Wir berechnen die Systemdeterminante:

$$\Delta = \begin{vmatrix} a_{11} & a_{12} & a_{13} \\ a_{21} & a_{22} & a_{23} \\ a_{31} & a_{32} & a_{33} \end{vmatrix} \quad \text{mit} \quad a_{31} = 0$$

$$(4) \quad \Delta = a_{11}(a_{22}a_{33} - a_{23}a_{32}) - a_{21}(a_{12}a_{33} - a_{13}a_{32})$$

Systemstabilität erfordert $\Delta < 0$.

(a) Langfristige Effekte von Offenmarktkäufen auf den Wechselkurs

$$(5) \quad \hat{e} = \frac{1}{\Delta} \begin{vmatrix} a_{11} & a_1 & a_{13} \\ a_{21} & 0 & a_{23} \\ 0 & 0 & a_{33} \end{vmatrix} \hat{M}^n$$

$$(5a) \quad \hat{e} = \frac{1}{\Delta}[-a_1 a_{21}]\, \hat{M}^n > 0$$

(b) Effekte eines Anstiegs des Weltpreisniveaus auf den Wechselkurs

$$(6) \quad \hat{e} = \frac{1}{\Delta} \begin{vmatrix} a_{11} & a_2 & a_{13} \\ a_{21} & b_2 & a_{23} \\ 0 & c_2 & a_{33} \end{vmatrix} \hat{P}'$$

Dabei gilt:

$$a_2 = -a_{12} + L_w \frac{B'}{M}$$

$$b_2 = -a_{22} + F_w - 1$$

$$c_2 = -a_{32} + C_w - 1$$

$$(6a) \quad \hat{e} = \frac{\hat{p}'}{\Delta} \{ a_{11} [-a_{22} a_{33} + (F_w - 1) a_{33} + a_{23} a_{32}$$

$$+ (1 - C_w) a_{23}] - a_{21} [-a_{33} a_{12}$$

$$+ L_w \frac{B'}{M} a_{33} + a_{13} a_{32} + a_{13} (1 - C_w)] \}$$

$$(6b) \quad \hat{e} = \frac{\hat{p}'}{\Delta} \left\{ -\Delta + (C_w - 1) \left[L_i \frac{i}{M} (F_w - 1) + F_i \frac{i}{B'} L_w \frac{B'}{M} \right] \right.$$

$$\left. - (C_w - 1) \left[L_i \frac{i}{M} (F_w - 1) + F_i \frac{i}{B'} L_w \frac{B'}{M} \right] \right\}$$

Sachwortverzeichnis

www.ingramcontent.com/pod-product-compliance
Lightning Source LLC
LaVergne TN
LVHW042240300926
849161LV00003B/418